Panettone & Pandoro

義大利水果麵包 & 黃金麵包

DONQ・佐藤広樹傳授義大利發酵糕點技術

佐藤広樹＝技術監督

株式会社DONQ＝著

Regarding the publication

Apprendo con gioia che il libro dedicato ai grandi lievitati italiani da Hiroki Sato è terminato. È un'opera la cui redazione ha richiesto anni di lavoro, durante i quali l'autore si è rivolto diverse volte a me per informazioni. Se sono stato molto felice di comunicargliele, è perché conosco bene il suo approccio serio e scrupoloso.

Già scorrendo l'indice si apprezza la precisione con la quale sono descritte le fasi di preparazione di panettone e pandoro. Non potrebbe essere diversamente, vista la grande esperienza sull'argomento del direttore di produzione Donq. Il che dimostra ancora una volta che non è indispensabile nascere all'interno di una tradizione per apprenderne i segreti, quando ci sono una grande passione e una vera dedizione.

L'opera di Sato si rivolge sia agli addetti ai lavori – panificatori o pasticcieri esperti di prodotti da forno europei – sia agli appassionati di gastronomia che sono stati affascinati dal lievito madre. Per le loro biblioteche sarà preziosa.

Stanislao Porzio

這本專門介紹著名義大利發酵糕點的書終於完成，我由衷地祝賀。佐藤先生花了多年的時間撰寫。在這期間，我們雙方不斷地交流，對他認真和細緻的工作方式深感敬佩。

只需大略瀏覽目錄，就能清楚看出正確描述 Panettone 和 Pandoro 的製作方法。這是他作為 DONQ 麵包生產技術本部長所累積，豐富經驗的結果。同時，這也再次證明，只要有足夠的熱情和努力，並不一定要在特定的歷史環境下成長，才能學習到秘訣。

這本書不僅針對精通歐洲麵包店產品的麵包師和甜點師等專業人士所設計，還包括被 Lievito madre 所吸引的美食愛好者。對他們來說，本書將是一本珍貴的寶典。

Stanislao Porzio
「Re Panettone」負責人、作家、Panettone 研究者)

SENZA PANETTONE NON È NATALE, MA SENZA CERTI REQUISITI NON È PANETTONE....

OGGIGIORNO DESTAGIONALIZZATO, CONSUMATO TUTTO L'ANNO, QUESTO GRANDE LIEVITATO DI ANIMA MILANESE GIRA TUTTO IL MONDO,

IN CONTINUA EVOLUZIONE, ARRICCHITO, REALIZZATO CON GRANDI INGREDIENTI DI ESTREMA QUALITÀ,

SEGUENDO METODO E TRADIZIONE SI PRESENTA SULLE TAVOLE PER DELIZIARE IL PALATO.

HIROKI SATO, COGLIE L'ESSENZA DI TUTTO CIÒ E REALIZZA UN GRANDE PRODOTTO DEGNO DELLA TRADIZIONE MILANESE DI ECCELLENZA.

MAURIZIO BONANOMI

沒有 Panettone 的聖誕節不算是聖誕節，但要稱為 Panettone，卻有一些門檻…。這是一個起源於米蘭的發酵糕點，現在在世界各地都受到喜愛。

近年來，人們可以一年四季都享受到它的美味，儘管不斷演變，但仍然堅持著其製作方法和傳統，採用精選的材料製作，至今仍然在餐桌上讓我們的味蕾獲得享受。

広樹已經完全掌握了 Panettone 的所有要素，並成功製作出這個米蘭的傳統名點。

Maurizio Bonanomi
（Pasticceria Merlo di Maurizio Bonanomi）

Introduction

我第一次接觸Panettone是在加入DONQ（東客麵包）不久之後。然而，儘管它在工廠內製作，但由於是在一個特別隔離的生產室內，因此我幾乎沒有機會看到製作過程，坦率地說，那時我對它並不是特別感興趣。

一切的改變大約在7年前，即2014年的時候。當我在義大利出差期間，第一次品嚐到由專業職人手工製作的Panettone，那種口感和豐富的風味，讓我彷彿看到了一個全新的世界，感到驚訝不已。

此後，有幸在比賽中品嚐了數十種Panettone和Colomba，同時也建立了廣泛的人脈，特別是從「Re Panettone」的負責人、作家和Panettone研究者Stanislao Porzio先生那裡學習了Panettone的歷史，並經常拜訪Maurizio Bonanomi先生的店，深入瞭解Panettone的奧秘。

這本書得到了來自這些義大利大師，和日本相關人士的支持和幫助，才能完成。將這些想法寫下來也讓我有了新的體會，對未來的方向也開始慢慢有了想法。

在日本，Panettone和Pandoro的知名度雖然有所提高，但普及程度仍然有待進步，它們仍然被視為一種麵包，而在義大利，則是由糕點店和麵包店競相製作出美味的Panettone和Pandoro。我希望在日本，由職人手工製作的Panettone和Pandoro能夠成為日常生活的一部分，並且在家庭和朋友之間，形成禮物贈予的美好文化。因此，我們製作了這本書，雖然力量微薄，但希望能對此有所助益。

佐藤広樹

目錄

002 … Regarding the publication
003 … Introduction

Chapter 1 … 008 … **Panettone & Pandoro**
義大利水果麵包 & 黃金麵包

010 … Panettone 和 Pandoro 是什麼樣的糕點？
012 … 義大利的 Panettone 文化
015 … 製作方法和變化
019 … 以維羅納為中心的 Pandoro 文化
在製作 Panettone 和 … 021 … 專門用語
Pandoro 之前
022 … 關於材料
024 … 關於工具·設備·模具

Chapter 2 … 026 … **Lievito madre 原種**

028 … 步驟的順序
029 … 配方表
030 … 發酵液
031 … 1 號種
032 … 2～4 號種
034 … 原種 (Lievito madre)
035 … Lievito madre 原種製作的各種發酵糕點和麵包

Chapter 3 … 036 … **Panettone Moderno 現代製作法**

038 … 步驟的順序
039 … 配方表
040 … 原種的水浸·續種 1 & 2
042 … 中種
044 … 續種 (製作下一次的原種)
045 … 果乾的準備
046 … 最後攪拌
050 … 分割·整型·入模·發酵
054 … 烘烤
Column … 056 … Gira Panettonitj 出現之前
058 … Panettone Moderno 現代製作法的變化
Column … 061 … 瓶中烘焙的 Panettone

Chapter 4 ··· 062 ··· **Panettone Classico 經典製作法**

　　　　　　064 ··· 步驟的順序
　　　　　　065 ··· 配方表
　　　　　　066 ··· 續種1
　　　　　　067 ··· 續種（製作下一次的原種）
Column ··· 067 ··· 製作下一次原種的續種作業通常在傍晚進行
　　　　　　068 ··· 續種2
　　　　　　069 ··· 中種
　　　　　　070 ··· 最後攪拌
　　　　　　072 ··· 分割‧整型‧入模‧發酵
　　　　　　073 ··· 烘焙

Chapter 5 ··· 074 ··· **Panettone variations 各種變化**

　　　　　　076 ··· Amarena e cioccolato ｜ 黑櫻桃和巧克力
　　　　　　078 ··· Fragola ｜ 草莓
　　　　　　080 ··· Limoncello ｜ 檸檬酒
　　　　　　082 ··· Albicocca ｜ 杏桃
　　　　　　084 ··· Albicocca e ananas ｜ 杏桃和鳳梨
　　　　　　086 ··· Cioccolato al caramello ｜ 焦糖巧克力

Chapter 6 ··· 088 ··· **Pandoro 黃金麵包**

　　　　　　090 ··· 步驟的順序
　　　　　　091 ··· 配方表
　　　　　　092 ··· 續種1 & 2
　　　　　　093 ··· 預先準備
　　　　　　094 ··· Biga種
　　　　　　095 ··· 最後攪拌
　　　　　　098 ··· 分割‧整型
　　　　　　100 ··· 入模‧發酵
　　　　　　101 ··· 烘焙
　　　　　　104 ··· 完成
Column ··· 106 ··· 新型態的Pandoro

Chapter 7 … 108 … 以 Panettone 或 Pandoro 麵團
製作的發酵糕點

110 … Colomba pasquale │ 復活節的鴿子
Column … 111 … Colomba 和西奧德琳達女王
114 … Veneziana │ 威尼斯
115 … Bauletto │ 珠寶盒
116 … Buondi │ 早安
118 … Lunetta │ 小月亮

Chapter 8 … 120 … Italian bread 義大利的麵包

122 … Micca di montagna │ 山的圓麵包
Column … 124 … 在深山製作麵包的獨行職人
125 … 液狀發酵種 (原種)
126 … Pane contadino │ 農夫麵包
128 … Francesino │ 小法國
130 … Cornetti │ 義式可頌

Chapter 9 … 132 … DONQ 的 Panettone

134 … 1970 年代延續至今 DONQ 的「Panettone」歷史
134 … 創辦人，藤井幸男和 Panettone
135 … 1985 年，在 Olindo Meneghin 先生的指導下
進入正式生產階段
136 … 六甲島工廠和聖雷莫 (Sanremo) 生產線
138 … 2014 年，前往米蘭。參觀競賽展覽成為轉折點
139 … 與義大利 Panettone 業界同步
140 … 年表 │ DONQ 的「Panettone」歷史

附錄 1 … 142 … 佐藤広樹之選「影響我的 Panettone」
147 … 傳統延續至今的老字號 Panettone
附錄 2 … 148 … 關於 Panettone 和 Pandoro 的法規
附錄 3 … 151 … 「Re Panettone」競賽評審表

使用指南

本書使用的主要材料和設備已詳細寫在 p.022 ～ 025。
—
發酵、攪拌、烘焙的時間和溫度會因所使用的材料、設備
和廚房溫濕度而略有變化。請根據實際環境進行調整。
—
配方原則上以烘焙比例 (Baker's percentage) 表示，如
有需要則記錄重量。
烘焙比例將粉類 (高筋麵粉、義大利杜蘭小麥粉、黑麥
粉) 的總量定為 100% 時的比例。
例如，以 p.039「Panettone Moderno」配方表為例，可
按照以下方式計算重量：

若以 1000g 高筋麵粉為總量（烘焙比例100%）

中種的高筋麵粉重量
| 1000g × 0.69 (69%) ＝ 690g

最後攪拌的高筋麵粉重量
| 1000g × 0.31 (31%) ＝ 310g

每種材料的重量
| 1000g × 每種材料的烘焙比例

配方表 (Panettone Moderno) [p.039]
• 重量以烘焙比例 100% ＝ 1000g 時表示。
• 中種「續種 2 的麵團」的麵粉量是外加 (不包括在烘焙比例中)。

	烘焙比例	重量
原種水浸		
原種	−	600g
溫水 (35°C)	−	4ℓ
細砂糖	−	8g
續種 1		
原種	−	600g
高筋麵粉 (Selvaggio)	−	600g
水	−	280 ～ 310g
續種 2		
續種 1 的麵團	−	400 ～ 500g
高筋麵粉 (Selvaggio)	−	600g
水	−	280 ～ 300g
中種		
續種 2 的麵團	22%	220g
高筋麵粉 (Selvaggio)	69%	690g
細砂糖	16.5%	165g
奶油	13.8%	138g
水	41.3%	413g
加糖蛋黃 (20% 加糖)	8.3%	83g
最後攪拌		
中種	全量	1,709g
高筋麵粉 (Selvaggio)	31%	310g
細砂糖	6%	60g
鹽	0.83%	8.3g
奶油	45.5%	455g
加糖蛋黃 (20% 加糖)	29.8%	298g
香草籽	高筋麵粉 1kg 相對使用0.7根	0.7 根
柳橙糊	6.9%	69g
柳橙	使用右側的分量混合	180g
檸檬		20g
細砂糖		80g
香橙酒		5g
香橙酒 (帶果皮)	0.69%	6.9g
香橙酒	使用右側的分量混合	50g
橙皮 (磨碎)		1個
檸檬皮 (磨碎)		1／2個
蜂蜜	6.9%	69g
轉化糖	4.8%	48g
果乾		
糖漬橙皮	34.5%	345g
糖漬枸櫞皮	6.9%	69g
葡萄乾	34.5%	345g
瑪薩拉酒	5.5%	55g

69(%) + 31(%) ＝ 100(%)

─ 中種「續種 2 的麵團」的麵粉量是外加 (不包括在烘焙比例中)。

Chapter 1

Panettone & Pandoro
義大利水果麵包 & 黃金麵包

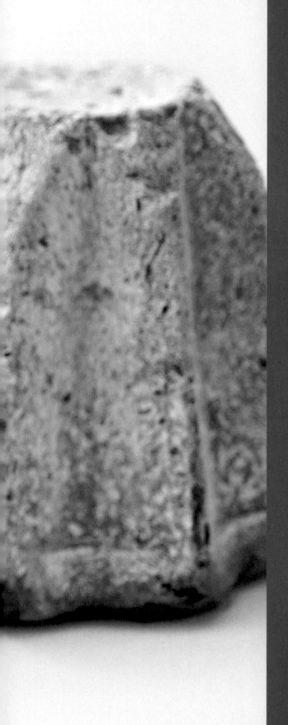

近年來，越接近聖誕節，可以看到越來越多日本的糕點店和麵包店的櫥窗裡擺滿了 Panettone（義大利水果麵包／音譯：潘尼朵尼）和 Pandoro（黃金麵包／音譯：潘多酪）。

雖然如此，但這些產品是如何製作，以及它們的歷史背景是什麼，大家仍然不太熟悉。

在本書中，我們將重點介紹 2 種類型的 Panettone 製作方法，即傳統製作法（Classico）和現代製作法（Moderno），並廣泛介紹由 Lievito madre（原種）製作的發酵糕點，如 Pandoro 和 Colomba 等。

請探索義大利發酵糕點的深邃世界。

Panettone和Pandoro是什麼樣的糕點？

慶祝聖誕節的大型發酵糕點

雖然它們的歷史背景大不相同，但就像在日本，人們在聖誕節會吃草莓蛋糕一樣，義大利也有在聖誕節必吃的傳統點心。代表性的就是Panettone和Pandoro。雖然它們的發源地分別是米蘭的Panettone和維羅納的Pandoro，但兩者都是用原種（義大利語稱為Lievito madre）製作的大型發酵糕點，具有濃郁的蛋黃、奶油和糖的奢華風味，以及輕盈濕潤的口感，這是它們共同的特點。

比較兩者，Pandoro在以維羅納為中心的義大利北部地區受到喜愛，而Panettone的製造商和糕點店現在不僅在北部，而且在中部和南部也變得越來越常見。Panettone已經不再僅限於米蘭，而是在整個義大利乃至海外都有了很大的影響力。

一到十一月，你會看到整個義大利各地的糕點店櫥窗，擺放著精美包裝的Panettone，食品店和超市裡也堆滿了Panettone的箱子，標誌著聖誕季節的開始，這是一個非常具有象徵意義的景象。Panettone有500克的小盒裝，還有750克和1公斤的大盒裝，價格從幾歐元到50歐元左右不等，各種不同的價格範圍都有。除了自己買來享用，將美味Panettone送給朋友、熟人和親戚的習慣也深植人心，因此很多人會買上幾箱。它不僅可以作為早餐、點心，還可以當作餐後甜點，有各種不同的享用方式。

Panettone和Pandoro都誕生於義大利北部。

Panettone的美麗包裝點綴著城市，成為義大利冬季的風景。

與 Panettone（上圖）相比，Pandoro（下圖）的氣泡更細緻。

將布里歐的風味提升至更豐富且口感濕潤

雖然在發酵類糕點中，有布里歐（Brioche）、咕咕霍夫（Kouglof）、史多倫（Stollen）等等這些更常見的選擇，但是，即使屬於相同的類別，Panettone 和 Pandoro 的麵團特徵卻有很大的不同。Panettone 雖然可以說與布里歐相近，但並不使用麵包酵母（以下簡稱為酵母），而是使用自家培育的原種（義大利語稱為 Lievito madre），並進行多次續種和發酵，並且使用大量的蛋黃和奶油。豐富的風味和滑順的口感遠超過布里歐。然而，它並不油膩，而是給人一種濕潤的印象。蛋黃中卵磷脂的乳化效果，以及蜂蜜等果糖的保濕性質，為其增添了濕潤感。

外觀也有視覺上的特點。Panettone 的內部有大小不一的孔洞（氣泡），呈現出網狀分布，麵包內側（crumb）縱向較薄，呈細長的裂紋。這是 Panettone 獨有的特點。而且，它通常加入了葡萄乾以及柳橙或枸櫞（Cedro，類似檸檬）的糖漬果皮，這是基本風格。

另一方面，Pandoro 則不含果乾，而是在食用前大量篩上糖粉。氣泡並不像 Panettone 那樣大，呈現海綿狀，但紋理稍微粗糙，帶有因發酵產生的堅實口感，不像海綿蛋糕那樣蓬鬆柔軟。此外，與 Panettone 不同，它不會沿著縱向裂開，而是均勻地擴散。

糖類等高成分和酸性麵團*的作用下，保存期限可達一個月以上

＊酸性麵團是指含有自然存在的野生酵母和乳酸菌的麵團，這些微生物存在於穀物和水果的表皮上。由於其酸性特性，有害菌無法生存於其中。

相較於一般的麵包和糕點，Panettone 和 Pandoro 的保存期限較長也值得一提。即使是手工製作的產品，也能保持一個月的美味程度，而大量生產的工廠產品通常可保存三個月左右。

很多人認為保存期長的原因在於「只存在於義大利特定地區的「Panettone 菌（或 Panettone 種）」的特性，但這並不準確。用於發酵的原種並不是 Panettone 或 Pandoro 獨有的，而是每家糕點店或生產商自家培育的，它們使用了各種水果，如葡萄或蘋果，以及全麥粉…等自然存在的野生酵母來培育。雖然製作方法因店家而異，風味和口感上有所不同，但這些原種並非特殊的酵母。

保存期長的原因，主要在於高比例的成分（如糖和蜂蜜等糖類，以及大量的奶油和蛋黃）導致水分活性降低。此外，由酵母產生的原種（Lievito madre）降低了 pH 值，使得麵團呈酸性，從而抑制了細菌的繁殖。

順帶一提，Panettone 和 Pandoro 剛出爐時，還未完全定型，可能過於柔軟，風味也未完全展現，並非最佳狀態。通常需要過了 2 ～ 3 天後才是最佳食用時機。

砂糖、蛋黃和奶油的用量非常豐富，這是它的一大特點。

義大利的 Panettone 文化

以白色小麥粉製成
類似佛卡夏形狀的甜點是其起源

由於有關 Panettone 的歷史資料十分稀少，追溯到 1700 年代似乎是極限了。儘管形狀和成分與現代的 Panettone 相去甚遠，但作為慶祝聖誕節糕點的地位，在這個時代已經確立，最初是由麵包師傅贈送給客戶。1700年代後期，一些位於米蘭市中心的糕點店，開始將其視為高級點心出售，這使得富裕階層之間互贈 Panettone 的習俗開始形成，逐漸成為上流社會的身份象徵。當時的名稱有「Panaton」或「Panatoni」等記載。

　　然而，在那個時代，Panettone 還沒有固定的形狀，它更像是一種扁平的佛卡夏（Focaccia），成分僅限於白色小麥粉。由於一般民眾生活貧困，餐桌上出現的是由雜穀製成的麵包，因此白色的小麥粉被視為一種非常奢侈的東西，而 Panettone 由此製成，足以被認為是高級點心。

米蘭的象徵—米蘭大教堂（左）和大教堂周圍的聖誕風景（右）。

　　現存 Panettone 最早的食譜，被認為是出現在 1800 年代初的料理書『Nuovo cuoco milanese economico』中。值得注意的是，該食譜使用了硬質小麥，並且沒有添加蛋或糖漬果皮。

　材料
　硬質小麥或普通小麥的 Lievito madre ／硬質小麥／奶油／砂糖／
　葡萄乾

根據製作方法，將揉好的麵團放在塗抹了奶油的紙上，在暖爐中發酵，然後在高溫烤箱中烘烤。由此可見，只進行了一次發酵。因此，可能膨脹程度較少，但形狀可能會成圓頂狀，並且添加了更多風味材料。可以確定的是，在過去的 100 年中，它已經從傳統白色小麥粉製作的佛卡夏風格，跨越了很大的範疇。

此外，1854 年出版《料理、現代糕點、餐具櫃及相關果醬製作（Trattato di cucina, pasticceria moderna, credenza e relativa confettureria）》所收錄的食譜，添加了鹽、蛋黃、柑橘類的糖漬果皮等，更接近現代的製作方式。發酵次數從一次增加到多次，似乎也是從 1800 年代後半開始。

Panettone 在 1800 年代開始蓬勃發展

創立於 1800 年代的甜點店「Cova」和「Marchesi」奠定了現代 Panettone 的基礎。

1800 年代，許多在 Panettone 歷史上留下足跡的糕點店開幕了。在此之前，Panettone 主要由麵包店製作，後來逐漸轉移到糕點店。

其中最著名的是 1817 年創立的「Cova」。創始人安東尼奧・科瓦（Antonio Cova）先生在米蘭市的斯卡拉劇院旁開了這家店，很快就受到了文化界和喜好時尚的中產階級支持，成為了米蘭一家名副其實的頂級店鋪。Panettone 也成為其中一項招牌商品。隨後，由他的兒子康斯坦丁先生，和後來他的妹夫基列利凱地先生接手，開始轉向更高品質的原料，並提高價格，走高級路線。「Cova」標誌的 Panettone 成為米蘭最受好評的產品之一，進一步提高了信譽。

其他還有 1824 年創業的糕點店，在 1860 年代接手經營權至今的「Marchesi」。這裡也將 Panettone 作為主打產品，成為米蘭糕點的新殿堂。「Biffi」和「Tre Marie」雖然店名和經營形式有所變化，但它們都是在 1800 年代擁有穩固地位的老字號糕點店，並將 Panettone 各自培育成熱門商品之一。

當時，Biffi 是一家有名的糕點店，義大利作家埃米利奧・德・馬爾基（Emilio De Marchi）在 1895 年發表的作品中提到以 Biffi 為原型的故事。一位律師購買了 Biffi 的 Panettone，準備作為伴手禮拜訪朋友，但出門時卻錯拿成裝有全新帽子的帽盒，重要的 Panettone 仍然留在家裡的壁櫥中……。雖然這是一個滑稽的故事，但隨後真的有糕點店開始出售以帽盒形狀包裝的 Panettone，看來並非只有馬爾基一人認為這兩者包裝相似。

這是一個古老 Panettone 的包裝盒，特色為帽盒形狀，估計是 1940 年代的產品。

1900 年代、Motta 引進圓柱狀的紙模

更進一步推動了 Panettone 的發展，可以歸功於 1919 年安傑洛・莫塔（Angelo Motta）在米蘭創立的糕點店「Motta」。在那之前，Panettone 已從大型的扁平狀轉變為圓頂狀，但當時是透過手工一個接一個地將塗有油脂的紙捲起，或者黏貼油脂紙來整型，過程耗時。Motta 引進了圓柱狀的紙模，採用更大尺寸且垂直的圓頂形烘烤法。現代 Panettone 的形狀就此誕生。

據說，Motta 採用這種方法是受到了俄羅斯復活節發酵點心「Kulich 庫利奇」的啟發。當時，一位居住在義大利的俄羅斯人要求他們製作庫利奇，庫利奇是用圓柱狀的紙模製作，正是此想法的起源。

使用圓柱狀紙模的好處在於，麵團可以在烤箱中延伸（向上），增加體積並使形狀均一，提高生產效率。隨著紙模的引進，使得加入的奶油、雞蛋和水果的分量增加，發酵時間也變長，從而將麵團改良為更加豐富的口感。這種風格後來被其他糕點店所仿效。在第二次世界大戰後，藉著這個方法，Motta 成功地進入工廠生產，大量生產並使其聲名遠播世界各地，留下了偉大的足跡。

雖然有些偏離了主題，但 Motta 的 Panettone 在 1970 年代已經登上了日本的茶几。在一個 Nescafé 咖啡的廣告片段中，早餐餐桌上擺放的就是 Motta 的 Panettone。當時，Motta 是 Nestlé（現在的雀巢集團）的一部分。配上「米蘭的早晨始於一杯咖啡和 Panettone……」的旁白，窗邊的餐桌上擺滿了令人垂涎欲滴的 Panettone。窗外是米蘭的象徵─米蘭大教堂。雖然當時我對 Panettone 一無所知，但這個重複播放的影像仍然清晰地銘記在我的腦海中。我第一次遇見 Panettone，就是從這個廣告開始的。

位於米蘭「艾曼紐二世迴廊（Galleria Vittorio Emanuele II）」的「Motta」。這是一家歷史悠久、對 Panettone 歷史貢獻良多的老字號。

在 Motta 引進紙模之前，Panettone 通常是以圓頂形狀製作，而不使用紙模。
—
摘自：『Dolce Natale Panettone e pandoro Una tradizione italiana』Giuseppe Lo Russo 編輯 Fratelli Alinari 出版

許多糕點店在店內咖啡館供應切片的 Panettone。可以撒上糖粉，搭配奶油醬，享用方法自由隨性。

製作方法和變化

目前，義大利的 Panettone 製作方法主要分為兩種 — Classico 和 Moderno

雖然外觀相似，但製作方法有所不同。本書將這兩種方法稱為「Classico
經典製作法」和「Moderno現代製作法」，並進行了詳細的解說。

　　歷史悠久的老字號糕點店和製造商通常使用經典製作法，而近年來開
設的新糕點店則多採用現代製作法，很少有同時使用兩種方法的例子。
雖然缺乏統計數據，但一般印象是經典製作法佔約三成，而現代製作法
則佔約七成，顯示市場趨向於現代製作法。我認為自2000年以來，現代
製作法的使用逐漸增加，甚至在義大利的烘焙師學校教科書中，也採用
了現代製作法的Panettone。

經典製作法（右圖）形狀較高聳，而
現代製作法（左圖）寬幅的較常見。

主要的差異在於是否進行水浸的過程

雖然現代製作法也有一些細微的差異，取決於製作者，但與經典製作法相比，大致上有
以下特點：

1 … 發酵時間稍長。
2 … 在材料中添加白蘭地、柳橙糊（Orange paste）、以及柑橘果皮（磨碎）等。
3 … 最後的攪拌階段添加麵粉。
4 … 每次都將原種（Lievito madre）浸泡在水中。

作為產品,這是一種發酵力強、膨脹程度大、質地更柔軟濕潤、風味更豐富的製作方法。它具有容易控制原種狀態、且失敗率低的優勢,這也是教科書中採用的原因。

　　另外,第4項的「水浸」是現代製作法中獨有的過程,是在續種(原種麵團添加新的麵粉和水、攪拌、發酵的步驟)之前,將原種浸泡在水中約20分鐘左右。此外,還有一些製作工坊在夜間儲存時也會浸泡。所有這些方法都有助於沉澱導致酸味的雜菌,並調節乳酸和醋酸的平衡,這是它們的優點。將原種浸泡在水中的方法,通常被解釋為源自皮埃蒙特(Piemonte)地區的傳統手法。

　　此外,除了製作方法,形狀也有所不同。經典製作法較縱長,而現代製作法則多為寬幅。前者的紙模直徑為16cm,後者則為21cm。由於較寬且高度低,使得在縱向和橫向上都容易膨脹,氣泡分佈不均勻,因此更容易呈現柔軟的質地,這是近年來增加的趨勢。

製作 Panettone 和 Pandoro 的糕點店和製造商現在已經遍布整個義大利。包裝也充滿個性。

各種多彩的變化登場

進入2000年後,Panettone的成分、製作方法、銷售方式等都受到了法令的詳細規範(稍後會提到),但最近的趨勢是在規範的範圍內,Panettone變得具有更多豐富且多樣的變化。例如,將各種巧克力、杏桃、草莓、櫻桃、無花果等水果(包括糖漬 confit 和半乾燥果乾 semi-dried 等不同形式),並以 Limoncello(檸檬酒)或 Maraschino(櫻桃酒)等洋酒加入糖漿浸漬後再混入麵團。本書中介紹了6種不同的變化款式,供您參考 [p.074]。

　　基本的 Panettone 上面通常不做任何裝飾,但在變化款式中,一些店家會混合蛋白和杏仁粉的杏仁蛋白糊(glaçage),或者塗抹融化的巧克力,並添加像杏仁、開心果等堅果、珍珠糖、珍珠狀巧克力、水果乾等多

樣且美觀的裝飾。

值得一提的是，位於杜林 (Turin) 附近，皮內羅洛 (Pinerolo) 的糕點店「Galup」（創立於1922年），創始人－彼得羅・費魯阿 (Pietro Ferrua)，設計並建立出前所未有的風格，就是將榛果醬等直接加在 Panettone 表面。

此外，雖然不同於變化款式，但也存在於以 Panettone 麵團為基礎的發酵糕點。DONQ（東客麵包）引入的「Bauletto」也是其中一種，它是將 Panettone 麵團放入類似磅蛋糕模型，約20cm大小的小型紙模中烘烤而成。可以自由在麵團中添加配料或表層糖霜，在本書介紹了2種 [p.115]。

像「Bauletto」這樣的產品，想必是為了聖誕節以外的時候，有效利用 Panettone 麵團而設計的。因為麵團如果長時間不餵養，發酵能力就會減弱，所以必須定期進行續種。義大利人在聖誕節以外的時間，比如8月15日的「聖母升天日 (Ferragosto)」等基督教節日，也經常食用 Panettone。最近，銷售 Panettone 作為全年產品的趨勢也日益增加。

為了正確地傳承給後代
― 製作方法・材料都制定了相關法規

隨著 Panettone 在義大利全國的普及與流行，進入新時代，也出現了需要改革的情況。這是因為出現了粉末 Lievito madre、專用預拌粉或冷藏的原種…等，來簡化製作 Panettone 的方法，很多 Panettone 開始採用這些方式。產生可能偏離傳統 Panettone 的危機感，因此迫切需要在法律層面進行整頓。

2003年，米蘭商會 (Chamber of Commerce of Milan) 制定了「關於製造"米蘭傳統 Panettone"的法規」，隨後在2005年，政府也通過了有關 Panettone、Pandoro 和 Colomba 等「關於烘焙產品的製造和銷售的法規」。這兩個法規在內容上基本一致，除了發酵次數、發酵溫度、發酵時間等，由製造者自行決定外，它們詳細規定了材料內容、配方、製作方法、銷售期限等，以符合傳統手工製作 Panettone 的條件。最重要的是為了廣泛且準確地傳承高品質的傳統製作法，我認為這是非常重要的事情。

有些店家無視規定，例如採用不符合比例的奶油或水果，或在麵團中添加糖漿等步驟，以展現自己的獨特風格，但這樣一來就不能使用「Panettone」這個名稱了。作為 Panettone 界的代表之一，Claudio

Gatti 的 Pasticceria Tabiano，以「Focaccia」而不是 Panettone 這個名
稱販售，原因就在於此。無論如何，非關對錯，制定出相符的標準意義
重大。

每年秋季在米蘭舉辦的「Re Panettone」
展覽會，參觀人數超過 2 萬人。

Panettone 的活動也開始了

對於正確傳承 Panettone 文化的努力，烘焙界也開始舉辦活動。從 2008
年開始，每年秋天在米蘭舉辦的 Panettone 展覽會「Re panettone」開
始。這是一個大型展銷會，國內約有 40 家糕點店聚集在一起，讓一般
大眾可以用較低的價格購買 Panettone。每年的參觀人數高達 2 萬人，
銷售的 Panettone 數量更是驚人，達到了一萬五千個。這個展會由記者
Stanislao Porzio 主持，他也是 Panettone 相關著作的作者之一。

　　除了展覽和銷售外，還舉辦有關 Panettone 的研討會並宣布比賽得獎
者。在由知名糕點師和記者擔任評審的比賽中，獲得前幾名不僅是榮譽，
還能增加銷售量，因此每年都有許多糕點店和餐廳參加。

　　此後，於 2016 年成立了獨立的組織「Accademia maestri del lievito
madre del panettone italiano」，展開了各項活動，包括研討會，以及
將目標擴展到國外的比賽「Panettone world championship」。

　　發起這個組織的人包括 Maurizio Bonanomi（Pasticceria Merlo
di Maurizio Bonanomi）、Vincenzo Teoli（Teoli）、Claudio Gatti
（Pasticceria Tabiano Claudio Gatti）、Paolo Sacchetti（Il Nuovo
Mondo）、Carmen Vecchione（Dolciarte）等人，他們是義大利當今被
譽為 Panettone 大師，並引領業界的頂尖人物。

　　最後，我想提一下最近的主題，是尋求將 Panettone 列入聯合國教
科文組織的無形文化遺產名錄。除了傳承 Panettone 正確的製作技術
外，旨在保護和推廣根植於土地，歷史悠久的傳統和文化。主辦「Re
Panettone」的 Porzio，自 2018 年開始展開了一系列活動，包括聯署等，
已經登錄的包括「地中海飲食」和「那不勒斯披薩職人技藝」，我們對之
後可能將 Panettone 列入，抱有很大期待。

以維羅納為中心的 Pandoro 文化

在米蘭以東的城鎮維羅納 (Verona) 誕生的聖誕糕點是 Pandoro。也許像 Panettone 一樣，它的起源可以追溯到幾百年前，但它在 1800 年代後半發生了巨大變化，並形成了現在的形式。

長期以來，有一種說法認為，被稱為「Nadalin (音譯：娜妲莉)」的星形烘焙糕點是「Pandoro」的原型，Nadalin 仍然可以在維羅納附近的糕點店看到。據說在當地，Nadalin 與 Pandoro 一樣甚至更受歡迎。儘管它們具有共同的星形外型，但 Nadalin 只有幾公分高，而且與 Pandoro 不同，使用杏仁或珍珠糖等裝飾。

維羅納市中心一家成立於 1894 年的糕點店「Melegatti」，創始人多梅尼科‧梅樂蓋提 (Domenico Melegatti) 將這種 Nadalin 轉化改良為大而蓬鬆的簡單發酵糕點 Pandoro，並將其推廣為該市的特色美食。他製作了原種，並使用大量的奶油和雞蛋，製作出高糖油成分、蓬鬆的糕點。由於裝飾會「阻礙麵團的發酵」，因此裝飾材料被移除，變成了像現在這樣，金黃色麵團製成高聳的星形點心。現在仍使用金屬八角星形模具，據說也是 Domenico 先生的創意。

Pandoro 的命名最初是根據切開時鮮豔的金黃色而來，被稱為「黃金麵包 pan d'oro」，但由於受到城鎮人們的歡迎，類似產品也開始增多，「Melegatti」開始思考對策。他將其改名為獨一無二的「Pandoro」，並於 1894 年獲得了為期 3 年的專利。從那時起，這種發酵糕點就以 Pandoro 的名字開始廣為流傳。

原種與 Panettone 類似，各家店鋪都經過培育野生酵母來製作。反復進行續種 (Refresh)，然後在後期加入雞蛋、奶油和砂糖製作麵團，最後經過高溫烘焙使其香氣四溢。近年來，一些店鋪也開始採用現代化的方法，像是將原種浸泡在水中或將發酵時間延長。

在維羅納，提到聖誕點心，Pandoro 已經完全融入人們的生活。通常會垂直切開，或者橫向切片保留星形，然後用水果、奶油、糖果等來裝飾，已經成為這座城市的聖誕傳統。

被認為是 Pandoro 原型的星形點心，稱為 Nadalin。

將 Nadalin 改良成 Pandoro 的功臣，是維羅納的糕點店「Melegatti」。

參考文獻：
『Il Panettone』
Stanislao Porzio 著
Guido Tommasi Editore 出版

在製作 Panettone 和 Pandoro 之前

專門用語

在介紹 Panettone 和 Pandoro 的製作方法之前，我們列出了一些專門用語。這些專門用語涉及發酵麵團和製作過程。專門用語的使用方式和定義可能會因人而異，略有不同。本書對其進行了以下定義。

» **酵母**

一種微生物的統稱，被稱為「真核生物、單細胞生物、非運動性、形狀為球形或卵形」。透過出芽繁殖，並進行酒精發酵。市售的麵包酵母（酵母菌）是從自然界中篩選出來的酵母，培養成具有優異烘焙特性的菌株。

» **發酵液**

首先將水果浸泡在糖水中，經過數天發酵產生豐富的酵母液，這就是發酵液，再加入小麥粉和水發酵，就成為原種。

» **原種**（Levito Madre）

穀物或水果的表面所存在的野生酵母和乳酸菌混合而成，無法滋生有害菌的酸性麵團。義大利語稱為 Levito Madre、Pasta Madre、Levito Naturale 等。
本書介紹從葡萄（Muscat Bailey A）中培養原種的方法。一旦培養了原種，為了保持原種的活性，需要定期進行續種（餵養）。此外，在製作產品的過程中也可以分取原種。
一般來說，「原種」這一名詞不僅限於 Levito Madre，但在本書中基本上指的是 Levito Madre。

» **中種**

是最後攪拌的前一個階段。

» **最後攪拌**

是攪拌的最後一個階段，接下來是分割和整型。在製作 Panettone 時，除了基本原料如奶油和蛋黃之外，也會在這個階段加入葡萄乾和糖漬橙皮等。

» **比加種 Biga**

是一種使用酵母的中種，義大利製作麵包的專門用語。它由小麥粉、酵母和水混合而成，不加鹽。在本書中，它用於製作 Pandoro。

» **續種 Refresh**

是在原種中添加小麥粉和水，揉捏並發酵，以促進原種的活性化。

» **水浸**

是一個獨特的步驟，適用於 Panettone 和 Pandoro 的現代製作法（Moderno manufacturing method）。在這個步驟，原種被浸泡在水中。如果原種中乳酸和醋酸的平衡被破壞，酸味和醋味會變得過重，並且會有雜菌孳生，這將導致酸度過高的問題。浸泡在水中可以使導致酸度過高的雜菌沉澱，並調節乳酸和醋酸的平衡。好的原種在放入水中後不久就會浮起，而差的原種則不會浮起，因此可以藉此判斷原種的品質。在進行續種前的預先處理時，浸泡時間約為 10 ～ 30 分鐘。使用溫度為 35°C 的溫水，添加 0.2% 的砂糖。另外，有時會將麵團浸泡在水中一晚，這樣可以使其保持新鮮，這種情況下使用的水溫為 18°C。

關於材料

本書介紹 Panettone（包括各種變化款式）和 Pandoro 使用的材料，我們將解釋主要和特殊的種類。要製作出風味豐富的產品，不僅需要精心設計製作方法，還需要使用優質的材料。這將大大影響成品的香氣、味道和口感。

» 酸櫻桃 Amarena cherry

在義大利中部產的一種酸櫻桃，顏色呈現深紅至黑色，具有濃郁的酸味，常使用整顆酸櫻桃糖漬（浸泡在糖漿中）製成的產品。

» 柳橙糊 Pasta di arancia

Panettone 現代製作法（Moderno manufacturing method），經常以柳橙糊調味。有時候也會將市售產品或糖漬橙皮打成泥狀使用，但本書介紹手工製作的食譜[p.046]。

» 加糖蛋黃（20% 加糖）

是一種業務用產品，由 80% 的蛋黃和 20% 的砂糖混合而成，通常以冷凍形式流通。本書使用的是「プレシャスエッグ」品牌。雖然不用擔心沙門氏菌的污染問題，但打發的質地通常不如普通的蛋黃。

100 克的加糖蛋黃（20% 加糖）相當於 80 克的蛋黃和 20 克的砂糖比例，因此，如果使用普通蛋黃和細砂糖，可以使用以下的公式換算：

蛋黃的份量＝
加糖蛋黃份量× 0.8

砂糖的份量＝
加糖蛋黃份量× 0.2

這些額外的砂糖與配方中的其他砂糖一起加入。

» 酵母

（速發乾酵母 Instant dry yeast、半乾酵母 semi-dry yeast 採用法國 Lesaffre 公司產，新鮮酵母使用日本產）
根據水分活性的不同，有新鮮酵母、速發乾酵母和半乾酵母等不同種類。本書在製作 Panettone 的 Biga 種和 Cornetti 時使用新鮮酵母；山形圓麵包使用半乾酵母，其他麵包則使用速發乾酵母。半乾酵母是顆粒狀的冷凍產品，風味和發酵力接近法國的新鮮酵母。它不需要預先發酵，且易溶於水中。

» 可可脂

可可中的油脂成分，具有可可獨特的香氣。常融化後添加在 Panettone 中。

>> **奶油**

使用無鹽奶油。

>> **蜂蜜**

本書使用金合歡蜜。可根據個人喜好選擇。

>> **馬薩拉酒 Marsala**

來自義大利西西里島的加烈葡萄酒。類似雪莉酒（Sherry）、波特酒（Port）和馬德拉酒（Madeira）等酒款，廣泛用於義大利的糕點和菜餚。有不甜（dry）、半甜（semi-dry）和甜型（sweet），本書中均使用甜型。

>> **高筋麵粉（Selvaggio）**

日清製粉在2021年推出的粗粒度小麥粉。有「Forte」（加拿大小麥粗磨）和「Giaponese」（北海道小麥粗磨）2種，本書使用適合發酵糕點的「Forte」。市售小麥粉有各種不同種類，差異在於小麥混合方式和磨製方式。這款產品的粒度比傳統小麥粉要粗，更接近義大利小麥粉，能夠為Panettone和麵包帶來豐富且有彈性的口感。成分中含有較多的蛋白質，因此可以製作出具有彈性和延展性的麵團。「Selvaggio」在義大利文的意思是「野性的」。

>> **糖漬水果**

加入Panettone麵團中的糖漬橙皮和枸櫞（cedro照片上方）。Panettone的基本配方包括這3種水果：橙皮、枸櫞和葡萄乾。枸櫞是一種類似檸檬但皮厚的柑橘類水果，將其厚皮糖漬後用於製作糕點。它們在義大利的那不勒斯和索倫托地區生產。

>> **檸檬酒 Limoncello**

一款來自義大利索倫托半島的檸檬酒。將檸檬果皮浸泡於酒精中，賦予其風味。

>> **櫻桃酒 Maraschino**

由馬拉斯加櫻桃製成的酒，具有類似杏仁的芳香。在義大利東北部至克羅埃西亞生產。

>> **香橙干邑香甜酒 Grand Marnier**

來自法國的柳橙酒。

>> **轉化糖**

一種甜味劑，呈濃稠液狀。由於吸濕性高，能使麵團變得濕潤。

關於工具‧設備‧模具

除了通常製作糕點所需的工具和設備外，製作 Panettone 和 Pandoro 專用的特殊設備並不多。大概只需要模型和降溫用的輔助工具。攪拌機和烤箱則應根據製作的量和預算，選擇易於操作且性能良好的產品。

》 烤箱

本書使用 Bongard 品牌的轉架烤箱（Rack oven）。在烘烤過程中，轉架會轉動，使烘焙均勻。一次可烘焙的數量有限，但也可以使用固定式烤箱或蒸氣對流烤箱。

》 烤模

Panettone 和 Colomba 使用的紙製模具，而 Pandoro 使用金屬模具。紙製模具通常在底部有多個小孔，這些孔洞在烘焙後有助於釋放熱氣。

Panettone

1kg用：底部直徑21cm、高7cm
750g用：底部直徑16cm、高10cm

―

Pandoro

500g用：口徑21cm、高16cm
250g用：口徑17cm、高13cm

―

Colomba

500g用：長徑26cm、短徑18cm、高5cm

》 帆布和繩子

原種保存的方法有很多，其中一種是用帆布和繩子包裹。本書介紹 Panettone 的 Moderno 現代製作法。包裹原種時最好使用薄的帆布，因為當麵團發酵膨脹時，布料會變得緊繃，所以需要使用堅固的繩子（本書使用直徑5mm、長度5m的繩子）來綁縛。

» Gira Panettoni
（Panettone 針架）

用於冷卻烘烤完成的 Panettone 或 Colomba 的輔助工具。這個架子上有很多用於固定 Panettone 的粗針。將 Panettone 排成一排，並將針插入靠近 Panettone 底部的位置，然後將其倒置懸掛在架子上。一個架子可以夾好幾個 Panettone。

» 攪拌機

本書使用了 3 種不同類型的攪拌機。

雙臂攪拌機 Double arm mixer

由 Artofex 公司製造。這是一種有兩條機械臂的攪拌機，動作類似人手。相比其他類型的攪拌機，攪拌動作較慢，時間較長，但不容易將混合物攪拌過熱。在本書中用於 Panettone 的中種和最後攪拌，以及 Pandoro 的製作。

螺旋攪拌機 Spiral mixer

以螺旋形狀的攪拌槳和中心軸的平衡設計，能夠在短時間內實現平滑均一的攪拌。本書用於製作麵團。

» 發酵箱

一種大型設備，可保持恆溫和濕度，用於麵團的發酵。

直立式攪拌機 Vertical mixer
（鉤型）

使用呈現輕微彎曲並直立的鉤型攪拌棒。在攪拌的過程中會輕輕拍打麵團。由於尺寸較小，因此非常適合少量製作，是廚房中最常見的攪拌機之一。本書中用於續種（refresh）的製作工序。另外，在混合大量奶油時也使用直立型攪拌機，但會將鉤型攪拌棒換成槳狀攪拌棒。

» 壓麵機 Sheeter

又稱為丹麥機。用於均勻地拉伸派皮等的設備。在本書中，也用於 Panettone Moderno 現代製作法中的變化款式。在進行續種，揉麵完成後，會將其多次放入壓麵機中操作。透過輕輕地拉伸和加壓，使麵團變得更薄，增加其強度。

Chapter 2

Lievito Madre
原種

Panettone 和 Pandoro 最重要的部分是被稱為「Levito Madre」的原種。透過使用這個原種，並使其發酵能力強大，才能製作出口感順滑、味道和香氣更好的 Panettone 和 Pandoro。

在這裡，我們將解釋如何使用葡萄、砂糖和水製作「發酵液」，然後用高筋麵粉和水重複續種，最終製作成「原種 Levito Madre」。雖然可以使用全麥粉等穀物、蘋果、梨等，但這次使用了與 Panettone 相同的發酵技術，以葡萄酒為靈感，選用了用於釀酒的葡萄品種 Muscat Bailey A。

首先製作發酵液至少需要 1 周時間，然後將高筋麵粉和水加入其中，攪拌並進行 8 ～ 10 天的發酵，才能完成最終的「原種 Levito Madre」。在製作「原種 Levito Madre」時，務必留下一部分並進行續種，以便在下一次「原種 Levito Madre」時使用。透過這樣的步驟，可以永遠地延續並使用。

步驟的順序

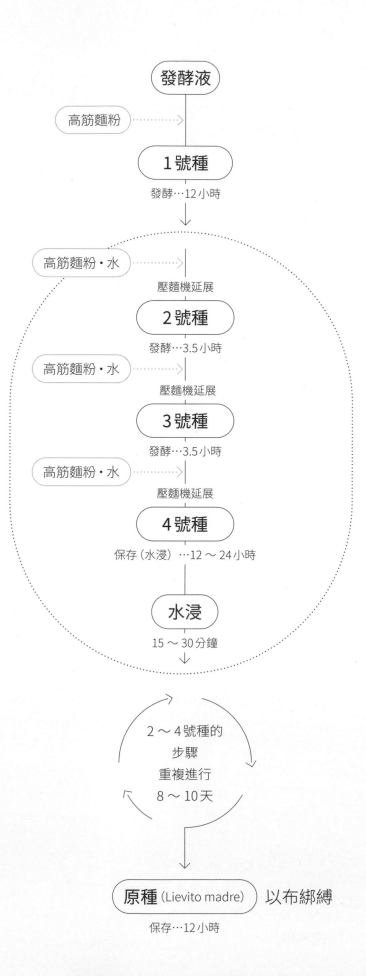

發酵液

高筋麵粉 ┈┈┈>

1號種

發酵…12小時

高筋麵粉・水 ┈┈┈>

壓麵機延展

2號種

發酵…3.5小時

高筋麵粉・水 ┈┈┈>

壓麵機延展

3號種

發酵…3.5小時

高筋麵粉・水 ┈┈┈>

壓麵機延展

4號種

保存（水浸）…12～24小時

水浸

15～30分鐘

2～4號種的
步驟
重複進行
8～10天

原種(Lievito madre) 以布綁縛

保存…12小時

配方表

發酵液

葡萄（Muscat Bailey A）⋯ 200g

細砂糖 ⋯ 23g

礦泉水 ⋯ 450g

1 號種 [1]

發酵液 ⋯ 100%

高筋麵粉（Selvaggio）⋯ 200%

2 號種 [2]

1 號種 ⋯ 100%

高筋麵粉（Selvaggio）⋯ 100%

水 ⋯ 50%

＊在第2天及之後的續種過程中，由於麵團在水浸過程吸收了水分，因此添加的水應該為麵團重量的30% 至 35%。

3 號種

2 號種 ⋯ 100%

高筋麵粉（Selvaggio）⋯ 100%

水 ⋯ 50%

4 號種

3 號種 ⋯ 100%

高筋麵粉（Selvaggio）⋯ 100%

水 ⋯ 50%

1

2

準備

・為了不流失附著在葡萄皮上的野生酵母，使用採摘後未清洗的葡萄。

・使用溫度在20℃左右的礦泉水來製作發酵液（不要太冷）。

・將用於製作發酵液的玻璃瓶煮沸消毒。

1 ⋯> **發酵液**

將葡萄、細砂糖和礦泉水混合，每天攪拌一次，
7～10天後就能製作成發酵液。

1

在量杯中倒入礦泉水和
細砂糖，攪拌至溶解
後，倒入裝有葡萄的玻
璃瓶中。

2

3

用保鮮膜覆蓋瓶口，用
金屬叉等工具在保鮮膜
上打3個小氣孔。

4

放置在室溫(24～27℃)
下，每天攪拌一次，並且
持續發酵7～10天。

逐漸會看到葡萄漂浮在
水面上。大約5天後，
水面會冒出氣泡，底部
會積聚沉澱物。

5

| 第1天 | 第2天 | 第3天 | 第4天 | 第5天 | 第6天 | 第7天 |

6

使用紗布將5的液體過
濾，倒入另一個瓶子中。
將紗布中剩下的葡萄稍
微擠壓，將水分回收到
液體的瓶子中。

7 ⋯⋯>

完成的發酵液。放入冰
箱保存。

2 ···> 1 號種 • 攪拌完成溫度…27℃

將發酵液和高筋麵粉混合在一起,攪拌製作成1號種。
然後,使用這個1號種進行2號種及之後的續種,增加酵母量並提高發酵力。

1

將高筋麵粉和發酵液放入直立式攪拌機中,攪拌約10分鐘。

2

直到發酵液和高筋麵粉均勻混合,表面光滑且無沾黏為止。

3

取出2的麵團,揉至表面形成張力後滾圓。

4

5

6

在碗中鋪上布,放入5覆蓋。

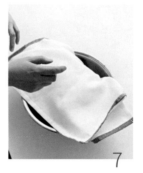

7

放入溫度27℃、濕度為60%的發酵箱中,發酵12小時。

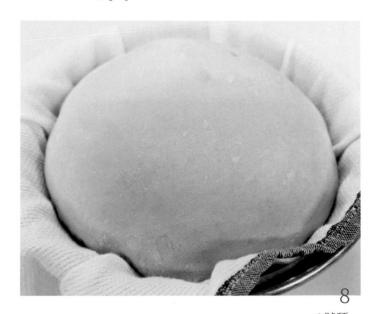

8

1號種。

3 ⋯> 2～4號種　•攪拌完成溫度…27℃

重覆進行續種，將其製成原種。每天進行3次，使用相同的材料和步驟，持續1週，
發酵力將開始增強，經過8～10天後，將成為穩定優質的原種。

2號種

1號種的表面會稍微乾
燥，因此請輕輕削去，
只使用內部的麵團。

在直立式攪拌機中，按
照順序加入高筋麵粉、
1的麵種和水，攪拌約5
分鐘。攪拌完成溫度的
參考值為27℃。

取出2的麵團，放入壓
麵機。最初需要連續來
回壓麵數次，逐漸壓薄。

將麵種摺成三折，旋轉
90度，連續壓麵3次。
重複進行此步驟2次。

將4的麵種移至工作檯，
從短邊捲起呈圓柱狀。

使用麵包刀在中央切出
十字形切口，向下翻開。
根據切口的膨脹程度，
可以判斷發酵的好壞。

在碗中鋪上布，將7的
麵種呈翻開狀放入，蓋
上布。放入溫度30℃、
濕度60%的發酵箱中，
發酵3.5小時。

3號種

1

發酵完成的2號種。

2

將2號種進行與之前相同的步驟1～8。

3

放入發酵箱,溫度、濕度和時間(30℃、濕度60%、3.5小時)相同。

4號種

1

進行2號種的步驟1～6,將麵種捲成圓柱狀。

2

將筒形容器中注入18℃的水,將1的麵種浸泡在水中。最初會下沉。

3

放置在室溫(24℃)下12～24小時。麵種浮起,表面變乾燥並且形成硬皮。

4

削除3麵種的乾燥表面,將內部麵團分成小量捏成小球狀。

5

將2%的砂糖溶解在溫水中(35℃),將4浸泡10～30分鐘(如果立即浮起,約浸泡10分鐘即可)。

6

取出浸泡的麵團,輕輕擠壓去除多餘水分,然後進行2號種的步驟2～4,直至2號種的步驟5。每天重複此過程8～10天,直到麵種的發酵能力增強並穩定。最終,將4號種步驟2水浸之前的麵種捲成圓柱狀,製成原種。

4 ⋯▷ 原種（Lievito madre）

將完成的原種用布包裹，存放在18°C的溫度下。
隔天早晨可以開始製作Panettone。

以帆布緊緊包裹2，並將
左右突出的部分向內摺。

1

將塑膠袋緊緊包裹原
種，防止乾燥。

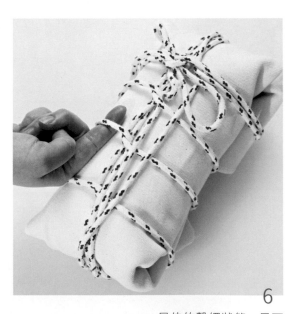

4

用繩子在帆布外綁縛，
這樣可以使發酵進行緩
慢，並減少酸的生成。

5

在繩子之間均勻施加壓
力，每間隔幾公分就綁
上繩子。

6

最佳的繫繩狀態，是可
在下方放入1根手指。
在室溫18°C下保存12
小時。（如果需要保存
原種幾天，請參考p.044
的Point）

Lievito madre原種
製作的各種發酵糕點和麵包

透過續種的方法以及改變麵團配方和材料，
原種Levito Madre可以轉變成如此多樣的發酵糕點和麵包。

Panettone Moderno [chapter 3 | p.036]

Panettone Classico [chapter 4 | p.062]

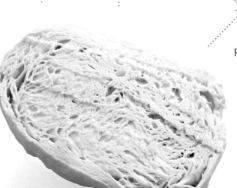

Pandoro [chapter 6 | p.088]

Colomba pasquale [chapter 7 | p.110]

Italian bread [chapter 8 | p.120]

Veneziana, Bauletto,
Buondi, Lunetta [chapter 7 | p.114]

Chapter 3

Panettone Moderno
義大利水果麵包現代製作法

好的烘焙成品應該垂直向上膨脹，氣泡大小適中，均勻分佈。圓頂周圍也向上凸起。

這裡要介紹的是目前在義大利流行的現代製作法（Moderno 製法）的 Panettone。相比傳統的經典製作法（Classico 製法），這是一種更加柔軟、濕潤且風味豐富的 Panettone。「Moderno 現代製作法」並不僅僅局限於一種方法，而是各家店鋪在細節上進行了各種改良，蘊含著許多想法和研究的空間充分發揮出來。所介紹的製法是基於義大利糕點店「Pasticceria Merlo di Maurizio Bonanomi」的創辦人 Maurizio Bonanomi 所傳授的方法。

　現代製作法共同的特點之一是將原種浸泡在水中。這是經典製作法所沒有的，能夠去除原種中繁殖的雜菌，並調整乳酸和醋酸的平衡。此外，採用了較長的發酵時間，製作出口感柔軟、風味豐富的柔滑麵包體，以及添加了糖漬橙皮和酒等多層次的香氣，這也是現代製作法的特色之一。

步驟的順序

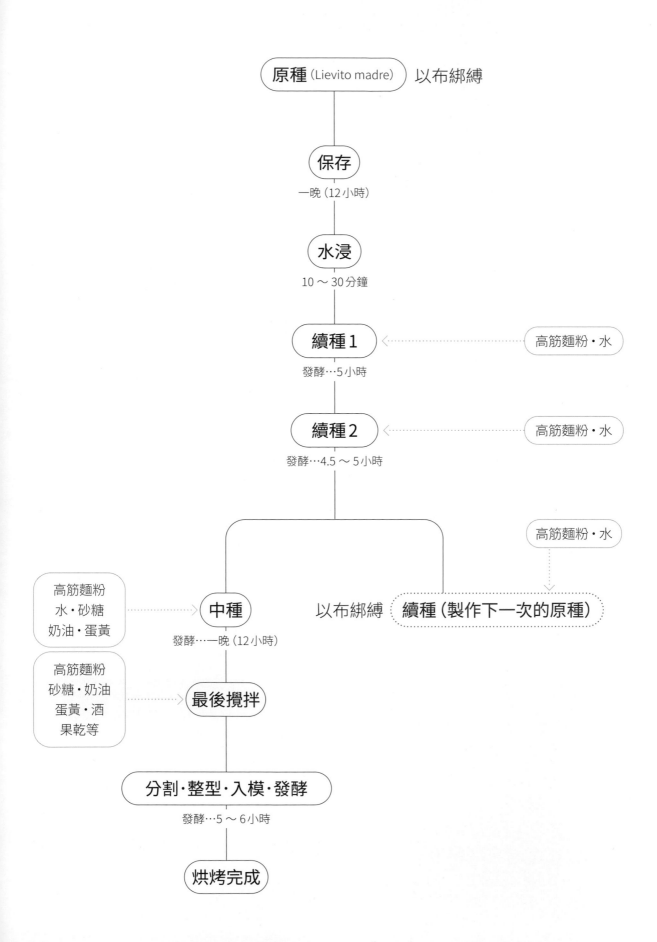

原種 (Lievito madre)　以布綁縛

保存
一晚 (12小時)

水浸
10 〜 30分鐘

續種 1 ⟵ 高筋麵粉・水
發酵…5小時

續種 2 ⟵ 高筋麵粉・水
發酵…4.5 〜 5小時

高筋麵粉・水

以布綁縛　續種 (製作下一次的原種)

高筋麵粉
水・砂糖　⟶ 中種
奶油・蛋黃
發酵…一晚 (12小時)

高筋麵粉
砂糖・奶油　⟶ 最後攪拌
蛋黃・酒
果乾等

分割・整型・入模・發酵
發酵…5 〜 6小時

烘烤完成

配方表

- 重量以烘焙比例100% = 1000g時表示。
- 中種「續種2的麵團」的麵粉量是外加 (不包括在烘焙比例中)。

	烘焙比例	重量
原種水浸		
原種	－	600g
溫水 (35℃)	－	4ℓ
細砂糖	－	8g
續種1 [1]		
原種	－	600g
高筋麵粉 (Selvaggio)	－	600g
水	－	280〜310g
續種2 [2]		
續種1的麵團	－	400〜500g
高筋麵粉 (Selvaggio)	－	600g
水	－	280〜300g
中種 [3]		
續種2的麵團	22%	220g
高筋麵粉 (Selvaggio)	69%	690g
細砂糖	16.5%	165g
奶油	13.8%	138g
水	41.3%	413g
加糖蛋黃 (20%加糖)	8.3%	83g

最後攪拌 [4]		
中種	全量	1,709g
高筋麵粉 (Selvaggio)	31%	310g
細砂糖	6%	60g
鹽	0.83%	8.3g
奶油	45.5%	455g
加糖蛋黃 (20%加糖)	29.8%	298g
香草籽	高筋麵粉 1kg 相對使用0.7根	0.7根
柳橙糊	6.9%	69g
柳橙	使用右側的分量混合	180g
檸檬		20g
細砂糖		80g
香橙酒		5g
香橙酒 (帶果皮)	0.69%	6.9g
香橙酒	使用右側的分量混合	50g
橙皮 (磨碎)		1個
檸檬皮 (磨碎)		1／2個
蜂蜜	6.9%	69g
轉化糖	4.8%	48g
果乾		
糖漬橙皮	34.5%	345g
糖漬枸櫞皮	6.9%	69g
葡萄乾	34.5%	345g
瑪薩拉酒	5.5%	55g

續種 (製作下一次的原種)		
續種2的麵團	－	300g
高筋麵粉 (Selvaggio)	－	600g
水	－	280〜300g

＊ 照片**3**是不包括「續種2的麵團」，照片**4**是不包括「中種」的狀態。

原種的水浸、續種 1&2

1 ⋯> 原種的水浸

作為續種的預先處理，將原種浸泡在水中。

1　用塑膠袋和帆布包裹綁縛，保存在18℃下的原種，在隔日早上可以開始使用。

2　原種應為淡灰色或白色，無黏性為佳。

3　將原種切成約2cm厚片。

4　秤量原種的重量。

5　將砂糖溶解在35℃的溫水中。

6　逐片放入原種。如果能立即浮起，即表示狀態良好，浸泡10～20分鐘即可。

7　為防止表面乾燥，偶爾翻面。如果需要較長時間才浮起，則需浸泡30分鐘。

8　水浸完成後，用雙手擠壓麵團，輕輕擠出水分。

9　秤重，計算與步驟4的重量差，以瞭解原種吸收的水分量。

Point

適當的水浸次數？

除了本文介紹的「第1次續種前的水浸」外，還有一種在夜間存放時進行水浸的方法 [p.058]。雖然有人認為進行2次水浸可增強發酵的效果，但過度浸泡可能會損失風味，因此在義大利的專業麵包師之間也存在分歧。此外，如果經過30分鐘的水浸後麵團仍然沉在水中，表示狀態不佳，建議不要使用。

2 → 續種 1 •攪拌完成溫度…27℃｜發酵溫度／濕度…27℃／60%｜發酵時間…5小時

為了逐漸增強原種的發酵力，我們進行「續種Refresh」的步驟，加入高筋麵粉和水攪拌，並進行發酵的過程。

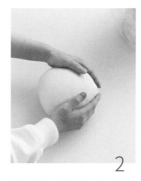

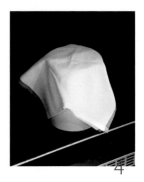

將高筋麵粉、原種和水按順序放入直立式攪拌機中，以低速攪拌10分鐘。在這個過程，加入的水量應從配方表中減去水浸中吸收的水分量，並根據情況進行調整。

當麵團成形時，取出放在工作檯上，整型成球狀，使表面平滑。

在深筒狀的容器中鋪上塑膠袋，將麵團放入，稍微撒上少量的高筋麵粉（分量外）。

將袋口合起，蓋上布巾，放入發酵箱（溫度27℃，濕度60%），發酵5小時。

發酵後的狀態。麵團膨脹約3倍，表面撒上的高筋麵粉裂開了。

Point

發酵的深筒狀容器

麵團將產生垂直伸展的力道，這是製作Panettone所必需的。圖中的容器直徑為15cm，高度20cm。此外，在放入發酵箱之前，在麵團表面撒上高筋麵粉，可以清楚地觀察到發酵後表面的裂紋，可作為判斷發酵狀態的參考。

3 → 續種 2 •攪拌完成溫度…27℃｜發酵溫度／濕度…27℃／60%｜發酵時間…4.5～5小時

再次加入高筋麵粉和水，進行第2次發酵。
配方稍有不同，但步驟與續種1相同。

取出續種1的麵團。發酵狀態良好的麵團會膨脹得很好。

由於外部略乾，用刀片輕輕削去外層，僅使用內部的麵團。

將高筋麵粉、2的麵團和水依序放入直立式攪拌機中，以低速攪拌約10分鐘。

如續種1的步驟 2～5 一樣進行發酵。(有關中種，請參閱p.042。製作下一次的原種請參閱p.044。)

中種 •攪拌完成溫度…24℃│發酵溫度／濕度…24～25℃／75%│發酵時間…一晚 (12小時)

1 ⟶ 續種2的麵團與中種材料混合並攪拌

中種材料除了高筋麵粉和水外，還包括砂糖、奶油和蛋黃。
一次加入續種2的麵團中並攪拌均勻。

1

續種2的麵團。發酵狀態良好的麵團會膨脹得很好。

2

由於外部略乾，用刀片輕輕削去外層，僅使用內部的麵團。

3

將2的麵團與中種材料放入雙臂攪拌機中，加入高筋麵粉和細砂糖。

4

接著加入奶油、蛋黃，並添加80%的水，以低速攪拌。

5

攪拌約5分鐘，直到麵團變得光滑，然後逐漸加入剩餘的水繼續攪拌。

6

麵團逐漸變得有彈性。

7

將麵團拉伸以進行最後確認。應該可延展形成薄膜狀。

Point

保持攪拌的溫度

攪拌溫度是影響發酵效果的重要因素。設定一個固定的溫度，並在攪拌過程中定期檢查麵團的溫度。如果溫度過高，可以將冰水或冷水加入攪拌機中，如果溫度過低，可以添加溫水，使溫度接近目標溫度。最終的溫度差異在1～2℃的範圍內，如果溫度過高，可以稍微縮短下一個發酵過程的時間；如果溫度過低，則可以稍微增加溫度，並延長時間進行調整。

2 ⋯⟩ 發酵過夜

將中種放入麵包箱,在發酵箱中發酵一晚。
若發酵至約 3 ～ 3.5 倍大,表示狀態良好。

1
將中種轉移到麵包箱
中,使其發酵約3倍大。

2
用雙手從二側將麵團拉
起,對折,重複此步驟
數次。

3
透過連續進行步驟2,
將麵團表面伸展並增加
張力。

4
將麵團放置在麵包箱的
中央。

5
為了透過膨脹率來判斷
發酵狀態,將少量的中
種放入有刻度的量杯中
(參見右下 Point)。

6
將麵包箱和量杯放入發
酵箱(溫度24～25℃,
濕度75%),發酵一晚
(12小時)。

Point

用於判斷發酵狀態的「膨脹倍率」

為了準確判斷發酵是否順利,可以使用「膨脹
倍率」的方法。在本頁的步驟2-5,將中種裝
入量杯中,然後比較發酵前後麵團的體積(關
於發酵後的膨脹,請參見p.046)。在這種情
況下,目標約3倍,膨脹倍率為3～3.5倍。
使用有刻度的量杯,將麵團平整地填入底部,
確保在發酵後膨脹3～3.5倍,即可進入下一
步驟。

續種（製作下一次的原種）・攪拌完成溫度…23℃｜保存溫度…18℃｜保存時間…一晚（12小時）

將部分續種2的麵團用於下次的原種。
加入高筋麵粉和水混合攪拌，然後用布包裹綁縛保存。

續種2的麵團切半，檢
查氣泡的分佈。

外側乾燥的表面輕輕削
去，只使用內側的麵團。

由於麵團在存放一晚的
過程中容易升溫，所以
要保持攪拌溫度。

將所有材料放入直立式
攪拌機中，以低速攪拌
約10分鐘。

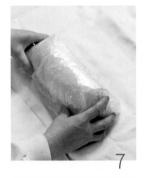

當材料成團時，從攪拌
機中取出放在工作檯
上，使麵團表面光滑。

整型成圓柱狀，保持表
面的平整。

用塑膠袋緊密地包裹麵
團（僅用帆布麵團會容
易乾燥）。

放在帆布上捲起。

將兩端的布向內摺，並
用繩子綁縛成十字形，
調整繩子的間隔位置。

麵團會膨脹，所以最佳
的綁縛鬆緊程度，是能
夠塞進1根手指。在室
溫18℃下保存一晚。

Point

包裹綁縛原種的理由

如果僅用塑膠袋密封，隨著發酵的進行，麵團會膨
脹，存在破裂的風險。為了防止這種情況發生，我
們用布包裹原種並用繩子綁縛。透過綁緊，可以使
發酵進行緩慢，並抑制酸的產生。

如何保存原種數天

我們介紹的方法是每天進行原種的續種，並保存在
18℃的溫度下。但如果需要保存數天，最好將原種
保存在冰箱（5℃）中。然而，如果之後需要使用，
由於發酵力減弱，可能需要將原種反覆進行約一週
的續種，以恢復原有的發酵力。

果乾的準備

3種果乾在製作中種的同一天準備好，
讓果乾浸泡一夜使味道融合，隔天在最後攪拌完成後加入。

1

葡萄乾輕輕沖洗後，去
除水分，與糖漬橙皮和
枸櫞皮混合。

馬薩拉酒增添風味。

2

將馬薩拉酒加入1。

3

充分攪拌，蓋上保鮮膜，
放入冰箱浸泡一夜。

4

最後攪拌 •攪拌完成溫度…24℃

1 ⋯> 製作柳橙糊

雖然可以使用市售的柳橙糊，
但自製的柳橙糊
可以為 Panettone 帶來更美味、
更優質的風味。

1 ⋯ 將柳橙和黃檸檬分別切成四瓣，去
除果核和果蒂，將果皮和果肉切成小塊。
2 ⋯ 將步驟1的材料放入食物處理機中，
加入細砂糖和香橙酒，攪打成糊狀。

2 ⋯> 檢查中種的發酵狀態

在進行最後攪拌之前，會以放入量杯中，麵團樣本
的膨脹倍率來確認中種的發酵是否順利進行。

1

2

左側是中種在最後階段時，為了檢查
膨脹倍率而放入量杯中的少量麵團。
右側是經過一晚的發酵後，膨脹到3
～3.5倍，表示發酵狀態良好。

放入麵包箱的中種，在
一晚的發酵後變得柔軟
且膨脹。

3 ╌╌> 將砂糖、高筋麵粉、蛋黃等加入中種混合

與中種相同，使用雙臂攪拌機進行最後攪拌。
在混合過程中逐步加入材料與中種混合。

為了方便取出中種，使
用刮板將麵團從麵包箱
的側面和底部剝離。

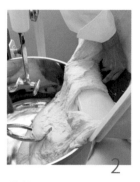

將整個中種轉移到攪拌
機的攪拌缸中。

確保中種均勻地鋪滿攪
拌缸底部。

加入事先混合好的香草
籽和砂糖。

加入高筋麵粉。

開始攪拌。一開始以低
速，以防麵粉飛散。

持續攪拌直到麵粉完全
混入中種。

將攪拌速度調至中高
速，先加入1/3的蛋黃。

等蛋黃與麵團充分混合
後，再加入第2次蛋黃。

再次加入剩餘的蛋黃。
每次加入蛋黃的間隔約
為2分鐘。

持續攪拌直到蛋黃完全
混入麵團中。

4 ···> 加入柳橙糊和奶油等

除了果乾以外的其他材料逐一加入並混合。
由於奶油量較多，因此最後分次加入。

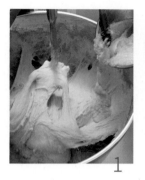

1

將柳橙糊加入中種，攪
拌1～2分鐘。

2

加入香橙酒（含果皮）並
攪拌1～2分鐘。

3

接著加入轉化糖，攪拌
1～2分鐘。這樣可以
使麵團更加濕潤。

4

麵團逐漸脫離攪拌缸。

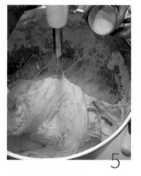

5

加入鹽使麵團緊實。

6

加入蜂蜜。

7

在麵團變得光滑之前，
繼續攪拌約3分鐘。

8

9

為了讓奶油均勻混合，
切成像照片中的大小。
分3次，每次間隔約1分
鐘加入。

10

當加完奶油後，繼續攪
拌4～5分鐘。奶油應
該要在麵團攪拌的最後
才加入混合。

5 ⇢ 檢查攪拌的狀態

在最後加入葡萄乾等果乾之前,將麵團擴展開來進行最後檢查。

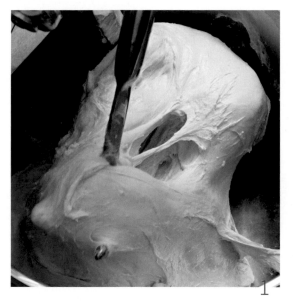

混入奶油後的麵團表面應該有光澤,可以從攪拌缸中輕易剝離。

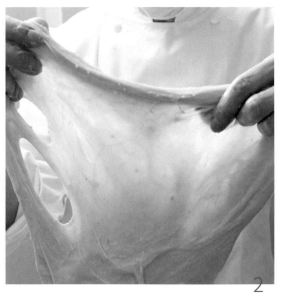

將麵團擴展開來進行最後檢查。如果能形成薄薄的膜,就表示完成了。

6 ⇢ 添加果乾

在最後階段加入果乾。
Panettone麵團就完成了。

前一天將糖漬柳橙和枸櫞皮與葡萄乾浸泡在馬薩拉酒中。

將所有果乾加入完成的麵團中。

攪拌約2分鐘,直到果乾均勻混合。最後,在攪拌缸中讓麵團靜置約10分鐘。麵團攪拌完成的溫度為24°C。

分割・整型・入模・發酵

- 發酵溫度／濕度…34℃／60％｜發酵時間…2小時
- 攪拌完成溫度…32℃／60％｜發酵時間…3～4小時

1 ⇢ 分割・秤量

將麵團分成單個大小。考慮到烘焙時水分的蒸發，
如果是1kg的份量，目標重量為1120g。使用電子秤進行精確的計量。

1

為了防止麵團黏在一起，
在工作檯上薄薄地塗上軟
化的奶油（分量外）。

2

取出已揉好的麵團，放
在工作檯上。

3

使用切麵刀分割麵團。

4

秤量（1kg的麵包成品，
麵團重量為1120g）。

2 ⤍ 整型・入模

每個麵團整合成圓形。將外側的麵團拉伸，
使其形成光滑的表面，然後放入紙模中。

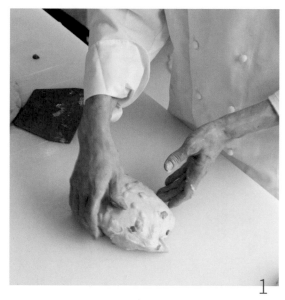

1

手指插入麵團與工作檯
之間，從中央向上提起。

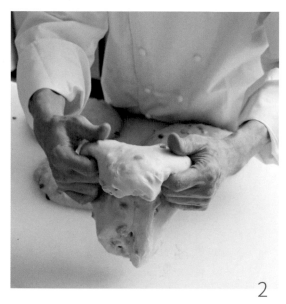

2

像對折一般重新放至工
作檯上，以保持形狀。

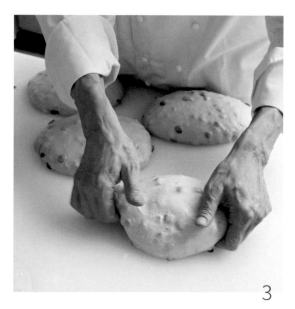

3

4

進一步拉伸麵團表面，
提起再放置，如同麵團
捲入底部。重複此步驟
約5次，使其變圓。

5

表面已經平滑。

6

整合成圓形，靜置約20
分鐘。

7

再次進行步驟1～4，重
複3次。整型後靜置約10
分鐘，然後再次進行步驟
1～4，重複5次。

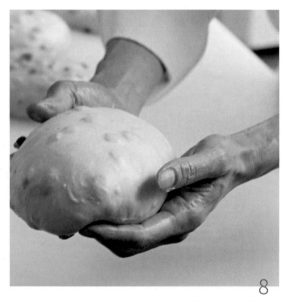

8

再次讓麵團表面變得平
滑。避免過度擠壓麵團
以免損傷。

9 將麵團放入紙模中（圖中為寬幅的紙模）。

10 由於麵團較為柔軟，一段時間後會擴展開來。

3 ···▷ 發酵

烘焙之前，在模具中進行最後發酵。

放入發酵箱中，分2階段的溫度下進行，總計5～6小時。

1 34℃、濕度60%發酵2小時，然後降至32℃，再發酵3～4小時。

2 發酵後接近模具邊緣的狀態。

烘烤

1 ⋯> 劃出切口

在烘烤之前，會劃切出一個十字形的切口。
這與長棍麵包上的切口相同，有利於麵團的膨脹，
增加體積，並且有助於更澈底地進行烘烤。

使用銳利的刀，輕輕地　　接著，改變方向，形成
劃切入麵團。　　　　　　十字形的切口。

2 ⋯> 放入烤箱

烘烤溫度為 160°C，時間為 50 分鐘。
使用轉架烤箱（Rack oven），讓烤盤持續旋轉，可以均勻地烘烤。

將入模的Panettone排　　　　　　　　　　隨著烘烤，麵團會逐漸　切口開始裂開，體積也
列在烤盤上，然後放入　　　　　　　　　　膨脹。　　　　　　　　逐漸增大。
烤箱。

5

即將完成烘烤。麵包的體
積膨脹到模具高度的2倍
以上，表面呈現濃郁的棕
紅色。切口展現出良好的
張力，割紋裂得十分明顯。

3 ⋯> 出爐

從烤箱中取出烤好的 Panettone 後，
立即倒掛以便散熱。

1

這種倒掛的方式被稱為
「Gira Panettoni」。從左右
兩側插入針將其固定。

2

迅速地從烤箱中取出
Panettone，因為它會
快速地下陷，所以需要
立刻採取行動。

3

在 Gira Panettoni 的中央
均勻間隔排列。

4

將架子的邊緣從兩側向
中間移動，然後從左右
兩側插入針固定，針要
插入紙模的底部。

5

迅速將其倒掛。

6

將 Gira Panettoni 整個懸
掛在架子上。

Column

Gira Panettoni 出現之前

現在，在冷卻時使用「Gira Panettoni（Panettone
針架）」是常見的做法，但在這種工具出現之前，人
們使用藤編籃子。把每個 Panettone 倒置放入適合
大小的籃子中，籃子的口徑可以防止 Panettone 黏
在底部上，避免壓扁。

米蘭近郊仍有一家店傳承著這種方式，這家店是
「Pasticceria Angelo Polenghi」，也是我們所聽說
的唯一一家。這家店英國 BBC 電視台曾經做過介
紹，我們也曾前往參觀。每個籃子都承載著歷史，
呈現極具深度的風味，但據說它們已經開始劣化，
使用 Gira Panettoni 取代它們的日子可能不遠了。

『Dolce Natale
Panettone e pandoro
Una tradizione italiana』
Giuseppe Lo Russo 編輯
Fratelli Alinari 出版

7

將 Panettone 懸掛一整夜，
直到完全冷卻。

Panettone Moderno 現代製作法的變化

現代製作法有幾種不同的方式來進行初始階段的「續種」。這裡介紹的方法是每次續種時將麵團摺疊 3次，並多次在壓麵機中延展。此外，在將麵種保存一晚時，使用水浸而非用布包裹的方法也是特色。

步驟的順序

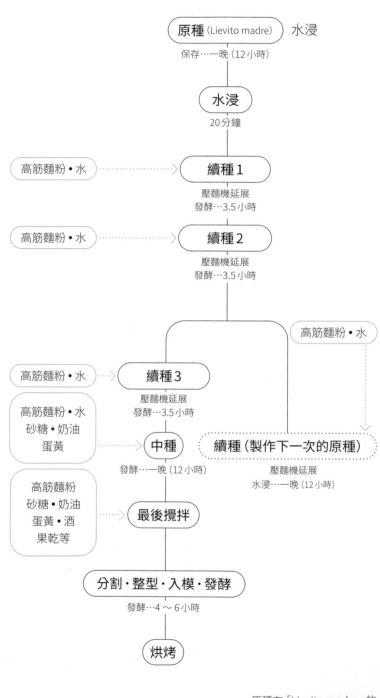

原種 (Lievito madre)　水浸
保存…一晚 (12小時)

水浸
20分鐘

高筋麵粉・水 ┈┈┈> 續種 1
壓麵機延展
發酵…3.5小時

高筋麵粉・水 ┈┈┈> 續種 2
壓麵機延展
發酵…3.5小時

高筋麵粉・水
高筋麵粉・水 ┈┈> 續種 3
壓麵機延展
發酵…3.5小時

高筋麵粉・水
砂糖・奶油
蛋黃 ┈┈> 中種　　續種 (製作下一次的原種)
發酵…一晚 (12小時)　　壓麵機延展
　　　　　　　　　　　水浸…一晚 (12小時)

高筋麵粉
砂糖・奶油
蛋黃・酒
果乾等 ┈┈> 最後攪拌

分割・整型・入模・發酵
發酵…4〜6小時

烘烤

配方表

水浸
原種 … 700g
溫水 (35°C) … 4ℓ
細砂糖 … 8g
―

續種 1
原種 … 700g
高筋麵粉 (Selvaggio) … 700g
水 … 210g 〜 245g
―

續種 2
續種 1 的麵團 … 700g
高筋麵粉 (Selvaggio) … 700g
水 … 350g
―

續種 3
續種 2 的麵團 … 700g
高筋麵粉 (Selvaggio) … 700g
水 … 350g

續種 (製作下一次的原種)
續種 2 的麵團 … 500g
高筋麵粉 (Selvaggio) … 500g
水 … 230g 〜 250g
―

＊ 中種「使用續種3的麵團」最後攪拌的配方請參考 p.039。

原種在「Lievito madre」的章節中製作，並水浸保存使用。

1 ⤑ **續種 1** •攪拌完成溫度…27℃ │ 發酵溫度／濕度…30℃／60% │ 發酵時間…3.5小時

將浸泡在水中保存的原種，在進行水浸前的預先處理後，
使用高筋麵粉和水進行續種。接著以壓麵機延展，然後發酵。

將麵團表面輕輕削掉，將內部麵團捏成拳頭大小的球狀。

以溫水溶解砂糖，將球狀麵團放入水中浸泡，如果能迅速浮起表示狀態良好。

浸泡約20分鐘後，取出麵團用手輕輕擠出多餘的水分。

將高筋麵粉、3的原種和水，按順序放入直立式攪拌機中，低速攪拌5分鐘。

取出麵團，以壓麵機來回延展。

把延展後的麵團捲成圓柱狀，然後在中央斜切十字刀痕。

將刀痕翻開，麵團向下對折，放入鋪有布巾的鋼盆，再覆蓋上布巾。

放入溫度30℃，濕度60%的發酵箱，發酵3.5小時。切痕有助於觀察發酵狀態。

Point

壓麵機的操作方法

1 … 連續3次來回操作壓麵機，將麵團壓平延展。
2 … 將麵團三折疊，然後旋轉90度。
3 … 重複進行步驟1～2，共3次。
透過多次來回以壓麵機施加壓力，可以使麵團更加有彈性。

Point

將原種浸泡在水中保存

為了保持原種的狀態穩定，建議使用18℃的水進行浸泡。此外，將麵團從水中取出後，放在24℃的室內讓表面乾燥，有助於防止表面受到雜菌的污染。

2 ⋯> 續種 2&3 ・攪拌完成溫度…27°C｜發酵溫度／濕度…30°C／60%｜發酵時間…3.5小時

將續種1的麵團再進行2次同樣的續種。完成的麵團使用
與p.042相同的方法製作中種→最後攪拌。

高筋麵粉、續種1的麵
團（表面薄薄削去）、水
放入攪拌機中，進行攪
拌5分鐘。

取出麵團，以壓麵機進
行反覆的延展。

把壓成長方片狀的麵團
捲成圓柱狀。

在中央斜向切出十字
切口。

將刀痕翻開，麵團向下
對折，放入鋪有布巾的
鋼盆中，覆蓋上布巾。

放入發酵箱（溫度30°C，
濕度60%），進行3.5小
時的發酵。

將6的續種2麵團分成
續種3，以及下次使用
的原種。

續種3再次重複步驟1～
6的工序。

3 ⋯> 續種（下次的原種）・攪拌完成溫度…27°C｜保存溫度…室溫 (24°C)｜保存時間…一晚 (12小時)

使用續種2的麵團來製作下次的原種。與之前相同，將高筋麵粉和水
加入進行攪拌，然後放入壓麵機中延展，再以水浸保存。

將續種2的麵團表面薄
薄削去，然後加入高筋
麵粉和水一起以攪拌機
混合5分鐘。

把麵團放入壓麵機中來
回延展，再捲成圓柱狀
（與上述步驟相同）。

在一個容量為麵團5倍
以上的容器中注入水
（18°C），並將2的麵團
放入。

麵團會下沉，但如果發
酵狀態良好，大約1.5
小時後就會浮出水面。
在室溫下保存一晚。

Column

瓶中烘焙的 Panettone

近年在義大利，出現了將 Panettone 裝入耐熱玻璃瓶中密封的新趨勢。這些瓶子狀的商品，出現在具有創新精神的糕點店，和年輕人喜愛的咖啡館，雖然容量大約 250g，尺寸較小，但意想不到的驚喜和時尚外觀，可能正是大受歡迎的原因之一。由於採用真空密封，因此可以更長時間地保存。要在烘烤後立即封口才能產生真空，因此速度很重要。

製作方法

1 … 將 Panettone 麵團（參考 p.039）分成 250g 一份，整型成圓球狀，放入耐熱玻璃瓶中（容量 750ml，經煮沸消毒）。
2 … 放入溫度 30℃、濕度 60% 的發酵箱中發酵 4 小時。
3 … 以對流烤箱（160℃）烤 30 分鐘。
4 … 烤好後立即加上蓋子，蓋口朝下放置，降溫，使其真空密封。

Chapter 4

Panettone Classico
義大利水果麵包經典製作法

1990 年代前，長期以來主要使用的就是經典製作法。
在義大利，許多傳統糕點店至今仍堅持使用這種方法，
奠定了 Panettone 的標準。

　　仔細研究這種製作法，相比於 Moderno 現代製作
法，材料更簡潔，中種的發酵時間更短，也不需要水
浸。原種的餵養方式也很簡單，只需要進行一次續種，
因此保持穩定而有力的原種需要更加謹慎的操作。

　　成品的形狀通常是垂直膨脹，這是因為使用直徑較
窄，高度較深的紙模，右邊的照片也是以此烘焙。

步驟的順序

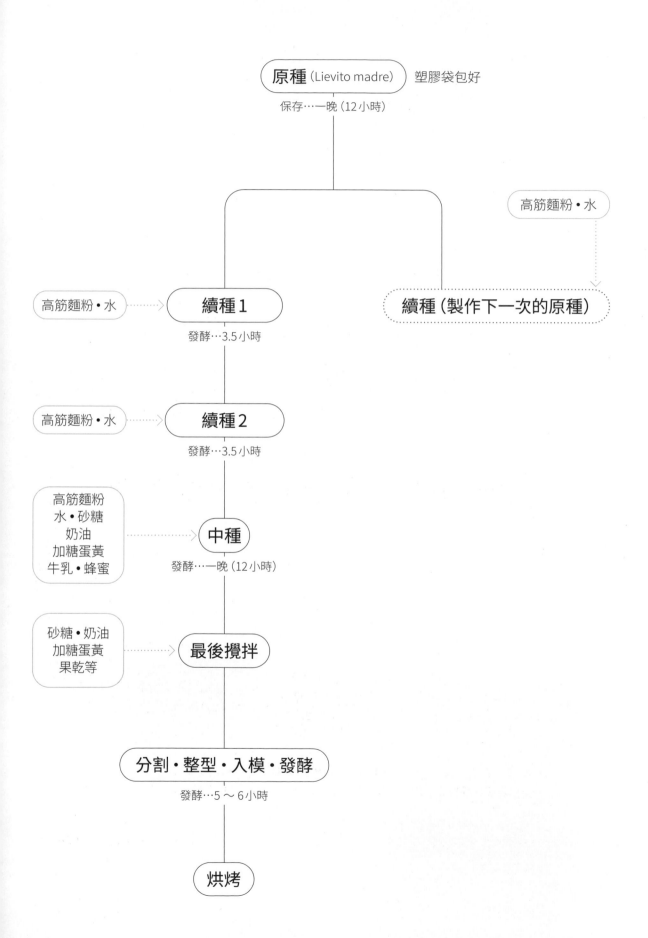

原種 (Lievito madre)　塑膠袋包好

保存…一晚 (12小時)

高筋麵粉・水

高筋麵粉・水 ┈┈> 續種1

發酵…3.5小時

續種 (製作下一次的原種)

高筋麵粉・水 ┈┈> 續種2

發酵…3.5小時

高筋麵粉
水・砂糖
奶油
加糖蛋黃
牛乳・蜂蜜 ┈┈> 中種

發酵…一晚 (12小時)

砂糖・奶油
加糖蛋黃
果乾等 ┈┈> 最後攪拌

分割・整型・入模・發酵

發酵…5～6小時

烘烤

配方表
- 重量以烘焙比例100% = 1000g時表示。
- 中種「續種2的麵團」的麵粉量是外加 (不包括在烘焙比例中)。

	烘焙比例	重量

續種1 [1]

原種	−	600g
高筋麵粉 (Selvaggio)	−	600g
水	−	280～310g

續種2 [2]

續種1的麵團	−	600g
高筋麵粉 (Selvaggio)	−	600g
水	−	280～310g

中種 [3]

續種2的麵團	22.8%	228g
高筋麵粉 (Selvaggio)	100%	1,000g
奶油	16.3%	163g
細砂糖	17.4%	174g
加糖蛋黃 (20%加糖)	13%	130g
牛乳	53%	530g
蜂蜜	3.26%	32.6g
水	10%	100g

最後攪拌 [4]

中種	全量	2,357.6g
奶油	25%	250g
細砂糖	14.5%	145g
香草籽	高筋麵粉1kg相對使用0.8根	0.8根
加糖蛋黃 (20%加糖)	39%	390g
牛乳 (調整硬度)	少量	少量
鹽	1.1%	11g
果乾		
糖漬橙皮	10.87%	108.7g
糖漬枸橼皮	10.87%	108.7g
葡萄乾	81.5%	815g

續種 (製作下一次的原種)

原種	−	300g
高筋麵粉 (Selvaggio)	−	600g
水	−	288～300g

＊照片3是不包括「續種2的麵團」，照片4是不包括「中種」的狀態。

1 ⋯→ 續種 1 ・攪拌完成溫度⋯24℃｜發酵溫度／濕度⋯30℃／60%｜發酵時間⋯3.5小時

為了逐漸增強原種的發酵能力，需要添加高筋麵粉和水，
進行發酵續種的步驟。首先是第1次續種。

1

準備好原種（在「Lievito madre」章節中製作的原種）〔p.034〕。

2

如果原種表面已經變乾燥，可以用刀輕輕削去，只使用內部的麵團。

3

將高筋麵粉、2的原種、水，依次放入直立型攪拌機中，以低速攪拌10分鐘。

4

當麵團成團時，取出放在工作檯上，整型成圓球狀。

5

在鋼盆中鋪上塑膠袋，放入麵團。鋼盆的大小，必須確保發酵後的麵團恰好適合。

6

將袋口輕輕地密合避免接觸到布巾，塑膠袋外蓋上布巾。在溫度30℃，濕度60%的發酵箱中發酵3.5小時。

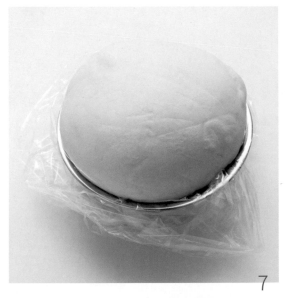

7

這就是續種1的麵團，大約膨脹了3倍。

續種（製作下一次的原種） •攪拌完成溫度…22℃｜保存溫度…18℃｜保存時間…一晚（12小時）

製作下一次的原種。
將高筋麵粉和水添加到原種中進行續種，然後使用塑膠袋保存一晚。

1

準備好原種（在「Lievito madre」章節中製作的原種）[p.034]。

2

雖然配方不同於續種1，但材料和步驟是相同的。在一晚的保存過程中，麵團的溫度容易上升，因此需要注意攪拌完成的溫度。

3

將高筋麵粉、原種、水，按順序放入直立型攪拌機中，低速攪拌約10分鐘。

4

當麵團成團時，取出稍微整型成圓球狀。

5

在鋪有塑膠袋的鋼盆中放入麵團。

6

將袋口輕輕地密合，並用布巾蓋好，在室溫18℃的環境中放置一晚。

7

發酵後，下一次的原種就製作完成了。

Column

製作下一次原種的續種作業通常在傍晚進行

續種1的工作通常在早上進行。而製作下一次原種的續種作業會在傍晚，並且通常會在晚上進行。防止白天麵團發酵或變質，在傍晚之前，將麵團用塑膠袋包好並在冰箱（5℃）中保存。

2 ⋯⋯> 續種2 •攪拌完成溫度…24℃｜發酵溫度／濕度…30℃／60%｜發酵時間…3.5小時

再次，加入高筋麵粉和水，攪拌並進行第2次發酵。
配方和步驟與續種1相同。

1

由於外表稍微乾燥，用
刀子輕輕削去外層，只
使用內部的麵團。

2

3

將高筋麵粉、1的麵團和
水，按順序放入直立式
攪拌機中，低速攪拌約
10分鐘。

4

當麵團成團時，取出放
在工作檯上，滾圓成球
狀並讓表面變得光滑。

5

將麵團放在鋪有塑膠袋
的鋼盆中。將袋口密
合，蓋上布巾，在溫度
30℃、濕度60%的發酵
箱中發酵3.5小時。

6

續種2的麵團發酵3倍
後的狀態

3 ⋯⋯> 中種 •攪拌完成溫度⋯24℃ ｜ 發酵溫度／濕度⋯24～25℃／75% ｜ 發酵時間⋯一晚 (12小時)

不同於 Moderno 現代製作法，在中種階段將所有的高筋麵粉都加入。
這樣會得到稍微硬一些的麵團。

首先將高筋麵粉放入雙臂攪拌機中，然後逐步加入除了**續種2**以外的所有材料。

依次加入蛋黃、奶油、細砂糖、牛乳、蜂蜜和水，以低速攪拌約5分鐘。

當材料幾乎混合均勻時，加入**續種2**的麵團（表面乾燥部分已經削除）。

攪拌約15分鐘。在過程中，當麵團開始成團，切換到高速攪拌。

麵團攪拌均勻，而且可延展拉出薄膜即可。

將麵團移到麵包箱中，輕輕折疊幾次使麵團表面變得光滑。在溫度24～25℃、濕度75%的發酵箱發酵一晚 (12小時)。

為了透過膨脹率判斷發酵狀態，將少量的中種放入具有刻度的量杯中，一起放入發酵箱。

4 ⟶ 最後攪拌 • 攪拌完成溫度…24℃

將中種添加蛋黃和奶油，最後再混入果乾。
使用雙臂攪拌機攪拌約45分鐘。

發酵完成的中種。
1

2

為了檢查膨脹率，將發
酵前的中種放入量杯中。

3

發酵後。如果體積增加
了3倍就是良好。

將中種放入雙臂攪拌
機中。
4

5

首先，只攪拌中種。低速
攪拌1～2分鐘後，切換
到高速攪拌約10分鐘。

6

確認麵團的狀態。應該
能夠拉出薄膜。

材料少量地加入攪拌。首先,加入預先混合好的香草籽和1/2的砂糖。

接著,加入1/3的蛋黃,低速攪拌5分鐘。

攪拌均勻後,加入剩餘的砂糖和1/3的蛋黃,繼續低速攪拌約5分鐘。

加入鹽和剩餘的蛋黃,低速輕輕攪拌,之後轉為高速攪拌約10分鐘。如果感覺麵團太硬,可以加入牛乳進行調整。

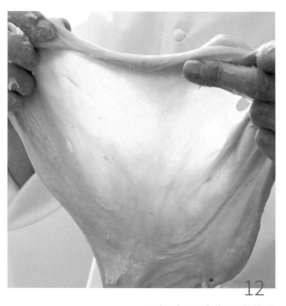

當材料均勻混合且麵團變得光滑時,加入1/2的奶油,攪拌6～7分鐘,然後再加入剩餘的奶油,繼續攪拌6～7分鐘。

延展麵團時能形成薄膜即可。

分2次添加果乾,攪拌約2分鐘直到均勻混合。攪拌完成後,麵團的溫度應為24°C。

在攪拌機中靜置約10分鐘,讓麵團鬆弛。拿起時,麵團比起Moderno現代製作法感覺稍微緊實。

Point

Classico 經典製作法的特徵

・由於所有的高筋麵粉都在製作中種時添加,因此最後攪拌時無法進行調整,稍微有些難以處理。

・在Moderno現代製作法中,果乾在加入麵團之前會先用酒醃漬,但在Classico經典製作法則直接添加。由於不進行醃漬,果乾的柔軟度不如現代製作法,但能更深刻地感受到水果本身的風味。此外,也不添加柳橙糊或柳橙、檸檬的皮。

5 →→ 分割・整型・入模・發酵 ·發酵溫度／濕度…30℃／60%｜發酵時間…5〜6小時

攪拌完成後，接下來的步驟幾乎與 Moderno 現代製作法相同。
使用直徑為16cm窄口且較高的紙模。

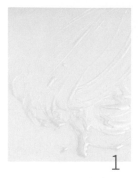

1

為了避免麵團沾黏，在工作檯上輕輕塗抹軟化的奶油（分量外）。

2

將麵團放在工作檯上，用切麵刀逐一分割。

3

秤量（750g），如有過多或不足，進行調整。

4

想像表面延展拉平，整型成圓形。首先將麵團提起。因為它會拉長，將其對摺成一半。

5

在改變方向的同時，將外側的麵團延展拉伸。重複這個步驟約5次，使其形成圓形。

6

靜置約10分鐘，鬆弛麵團。再次進行步驟4〜5共5次，使其再次滾圓。

7

將麵團輕輕放入紙模中，注意不要破壞形狀。

8

放入溫度30℃，濕度60%的發酵箱，進行5〜6小時的發酵。

9

當發酵達到模型大小的90%時，即可入爐烘烤。表面稍微乾燥的狀態最佳。

10

在烤之前，用切割刀在表面劃切出淺淺的十字切口，以便麵包在烘焙時膨脹。

11

在切口的中央放上一小片奶油。

6 ⋯> 烘焙

烘焙至出爐的作法與 Moderno 現代製作法幾乎相同。
但與現代製作法相比，烘焙後麵包的下陷速度較慢。

1

將入模的Panettone麵
團排列在烤盤上，然後
放入烤架。

2

160℃烤約48～50分鐘。
烘焙完成Panettone表
層會裂開並明顯膨脹，
呈現深濃的金棕色。

3

取出Panettone並將其
置於Gira Panettoni（Pa-
nettone針架）的中央，
在左右兩側插入針。

4

倒置，將整個Gira Pa-
nettoni掛在架子上，懸
掛一晚冷卻至室溫。

1 ⟶ **Amarena e cioccolato** [p.076]

4 ⟶ **Albicocca** [p.082]

2 ⟶ **Fragola** [p.078]

3 ⟶ **Limoncello** [p.080]

6 ─> Cioccolato al caramello [p.086]

Chapter 5

Panettone variations
義大利水果麵包的
各種變化

近年的Panettone趨勢之一，是增加了自由組合水果和調味料的變化。標準的Panettone，糖漬橙皮、枸櫞皮、葡萄乾是必不可少的配料，香氣則通常使用香草籽。但在變化款式的領域裡，各家糕點店或麵包坊都創造出獨具特色的類型。這裡，我們將介紹6種變化，包括果乾、酒和巧克力。另外，栗子、無花果和柚子也是不錯的組合。如果要用白巧克力覆蓋頂部，很重要的一點是要確保Panettone麵團的顏色不會透出。如果1次不夠厚，可以重複塗抹。

＊後續頁面，配方表中的「Panettone麵團」將使用「Panettone Moderno現代製作法」的配方 [p.039]。然而，除了在最後攪拌時不添加以下材料外，每種變化都會使用獨特的果乾和酒
─

＊不包含材料：3種果乾（糖漬橙皮、糖漬枸櫞皮、葡萄乾）、馬薩拉酒

1 ⇢ 黑櫻桃和巧克力
Amarena e cioccolato

Amarena 是義大利流行的櫻桃品種，屬於帶有酸味的酸櫻桃之一。用糖漿煮成的 Amarena 常用在各種甜點中，而與巧克力結合的 Panettone 也很受歡迎。巧克力不僅加入麵團，還會沾裹在表面。

配方表（1kg 分量的紙模 1 個）

Panettone 麵團 … 100%
糖漬 Amarena 酸櫻桃（Agrimontana）… 麵團重量的 15%
黑巧克力（Cacao Barry）… 麵團重量的 10%
＊ 從上述 3 種材料混合的麵團取 950g 使用。
黑巧克力（用於沾裹）… 適量
珍珠巧克力脆片（Valrhona）… 適量

a　　　b　　　c

作法

1 … 將糖漬酸櫻桃，先輕輕用水沖洗掉糖漿，每顆再切半。
將櫻桃和黑巧克力一起加入最後攪拌的 Panettone 麵團中。
分割後放入紙模中。以發酵箱發酵完成後，進行烘烤並放
涼（a）。
2 … 將用於塗抹的黑巧克力放入鋼盆中，下墊熱水隔水加熱
融化，將步驟 1 的 Panettone 倒置，浸入融化的巧克力中，
沾裹（b、c）。沾裹完成後，翻回正面撒上珍珠巧克力脆片。

2 ⇢ 草莓
Fragola

將草莓以糖漿煮成糖漬後，在烤箱中烘乾至半乾燥 （semi-dry）狀態，然後與白巧克力一起加入麵團 中。這樣做出的草莓Panettone保留了草莓的新鮮 口感。最後用白巧克力塗抹表層，並在頂部撒上口 感酸甜、脆脆的冷凍草莓。

配方表（1kg分量的紙模1個）

Panettone 麵團 … 100%

半乾燥草莓（按以下配方）… 麵團重量的25%

　│ 草莓 … 600g
　│ 砂糖 … 240g

白巧克力（Cacao Barry）… 麵團重量的15%

＊ 從以上3種材料混合的麵團中取950g。

白巧克力（用於塗抹）… 適量

冷凍草莓碎粒 … 適量

a　　　b　　　c

作法

1 … 製作半乾燥草莓。先將草莓清洗去蒂，擦乾水分。撒上砂糖後，放入冰箱冷藏一晚。第二天，用小火煮約5分鐘，然後放涼約半天。將糖漿和草莓分開，把草莓擦乾水分，然後在開啟排氣閥，80℃對流烤箱中烘乾約1小時。如果有大顆的草莓，請分切成小塊。

2 … 將半乾燥草莓和白巧克力一起加入最後攪拌的Panettone麵團中。分割後入模。在發酵完成後進行烘烤，待其冷卻。

3 … 將用於沾裹的白巧克力放入鋼盆中融化，將步驟2的Panettone倒置，浸入白巧克力中沾裹（a）。翻成正面，撒上冷凍草莓碎粒（b、c）。

3 ⋯➤ 檸檬酒
Limoncello

在Panettone麵團中加入糖漬檸檬皮，經烘焙
後以檸檬酒「Limoncello」調製的糖漿和甘納許
(Ganache)夾入麵團。頂部沾裹白巧克力，再刨碎

撒上裝飾。這是向坎帕尼亞(Campania)地區的甜
點店「Pepe」致敬，檸檬酒風味的Panettone。

a　　　b　　　c

作法

1 ⋯ 在完成最後攪拌的Panettone麵團中添加糖漬檸檬皮。分
割並滾圓，放入模具中，在發酵後烘烤並冷卻。

2 ⋯ 製作檸檬酒糖漿(a右)。將砂糖和水煮沸，熄火後加入檸
檬酒，待涼。

3 ⋯ 製作檸檬酒口味的甘納許(a左)。將白巧克力切碎放入鋼
盆中，鮮奶油以另一個鍋子煮沸後加入。充分攪拌直至巧克力
融化，加入檸檬酒待涼。

配方表（1kg分量的紙模1個）

Panettone 麵團 … 100%

糖漬檸檬皮 … 麵團重量的20%

＊以上2項材料混合後使用950g。

檸檬酒糖漿（以下配方）… 100g

│ 砂糖 … 100g

│ 水 … 100g

│ 檸檬酒（Limoncello）… 40g

檸檬酒風味的甘納許（以下配方）… 150g

│ 白巧克力（Cacao Barry）… 400g

│ 鮮奶油 … 250g

│ 檸檬酒 … 50g

白巧克力（用於沾裹和刨成碎片）… 適量

4 … 將步驟1冷卻的 Panettone，沿著紙模的邊緣上方水平切開（b）。在上下切口處各刷上 50g步驟2的糖漿（c）。然後在下方 Panettone 的切口處塗抹步驟3的甘納許（d），將上方 Panettone 蓋上恢復原狀（e）。

5 … 將用於塗抹的白巧克力放入鋼盆中隔水加熱至融化，塗抹在步驟4的 Panettone 表層（f）。撒上白巧克力碎片（a下）。

4 ···> 杏桃
Albicocca

將整顆杏桃用糖漿煮成糖漬，加入櫻桃酒「Maras-
chino」調味後混入麵團。雖然簡單，但具有優雅

的風味和杏桃的濃郁口感。再塗上含有杏仁粉和蛋
白的杏仁蛋白糊（Glaçage），撒上糖粉，烤至香脆。

配方表（1kg分量的紙模1個）

Panettone 麵團 … 100%

糖漬杏桃（Agrimontana）… 麵團重量的20%

櫻桃酒Maraschino（Luxardo）… 糖漬杏桃重量的5%

＊ 使用上述3種材料混合而成的麵團取950g。

杏仁蛋白糊（配方如下）… 70 ～ 80g

│ 蛋白 … 150g（以蛋白的量調整硬度）

│ 砂糖 … 110g

│ 杏仁粉 … 100g

糖粉 … 適量

作法

1 … 預先處理。將糖漬杏桃切成1/4的大小，混合櫻桃酒。隔天，將此混合了酒的糖漬杏桃加入最後攪拌，麵團分割後放入模具中。

2 … 製作杏仁蛋白糊。將砂糖加入蛋白，充分攪拌至溶解，然後加入杏仁粉，放入擠花袋中。在完成最後發酵的麵團上擠出杏仁蛋白糊，篩上糖粉後烘烤至完成。

5 ⋯⋯> 杏桃和鳳梨
Albicocca e ananas

這是一款添加了杏桃、鳳梨和糖漬橙皮共3種，風
味豐富的Panettone。經烘焙後，充分吸收了櫻桃

酒調味的糖漿，使口感更濕潤。注入器可讓您更迅
速地添加糖漿。

配方表（1kg分量的紙模1個）

Panettone 麵團 … 100%

糖漬杏桃 … 麵團重量的 10%

糖漬鳳梨 … 麵團重量的 10%

糖漬橙皮… 麵團重量的 5%

＊ 使用上述4種材料混合而成的麵團取950g。

珍珠糖 … 適量

櫻桃酒糖漿（配方如下）… 125g～150g

| 水 … 100g

| 砂糖 … 100g

| 櫻桃酒 Maraschino（Luxardo）… 30g

作法

1 … 每顆糖漬杏桃切成1/4。將糖漬杏桃、糖漬鳳梨和糖漬橙皮加入最後攪拌的麵團中混合。分割後放入模具中。烘烤前，在表面撒上珍珠糖，烘烤後取出，待涼。

2 … 製作櫻桃酒糖漿。將水和砂糖煮沸，熄火後加入櫻桃酒。放涼備用。

3 … 將櫻桃酒糖漿倒入注入器，注入Panettone約20處。

6 ⋯⟩ 焦糖巧克力
Cioccolato al caramello

Panettone麵團中只添加了焦糖巧克力。這是一款
專注於巧克力溫和的甜味,易於品嚐的風味。表面
呈現鬆脆且深褐色的原因,是因為在以蛋白、砂糖
和杏仁粉製成的混合糊中加入了可可粉,營造出愉
悅的口感。

配方表（1kg分量的紙模1個）

Panettone 麵團 … 100%

焦糖巧克力（Cacao Barry）… 麵團重量的30%

＊ 使用上述2種材料混合的麵團取950g。

可可蛋白杏仁糊（配方如下）… 70 ～ 80g

| 蛋白 … 150g
| 細砂糖 … 110g
| 杏仁粉 … 100g
| 可可粉 … 6g

作法

1 … 將焦糖巧克力加入最後攪拌的 Panettone 麵團中。分割整型成圓形，放入模具中。

2 … 製作可可蛋白杏仁糊。將蛋白加入細砂糖，充分攪拌至溶解，然後加入杏仁粉和可可粉混合均勻，放入擠花袋中。將完成發酵的 Panettone 麵團表面擠上可可蛋白杏仁糊，然後進行烘烤。

氣泡比 Panettone 的要小
得多，並且混合了大小不
一的氣孔，呈現出明顯的
縱向延展。內部特徵為濃
郁的黃色。

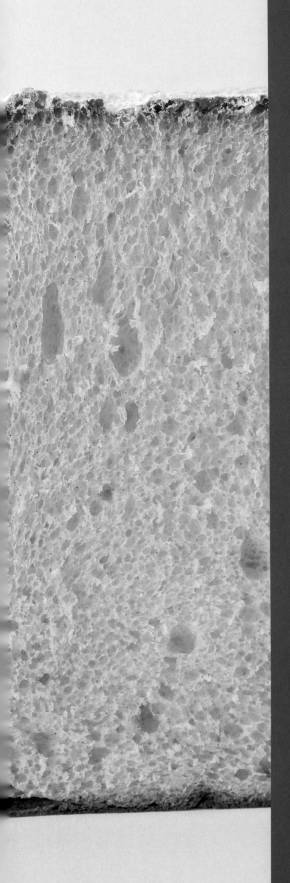

Chapter 6

Pandoro
黃金麵包

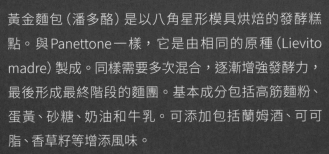

黃金麵包（潘多酪）是以八角星形模具烘焙的發酵糕點。與 Panettone 一樣，它是由相同的原種（Lievito madre）製成。同樣需要多次混合，逐漸增強發酵力，最後形成最終階段的麵團。基本成分包括高筋麵粉、蛋黃、砂糖、奶油和牛乳。可添加包括蘭姆酒、可可脂、香草籽等增添風味。

　　製作方法和配方可能因店家而異，但其中一個共同特點是添加「Biga 比加種」來補充最後發酵。由於蛋黃、砂糖和奶油的比例非常高，因此 Pandoro 麵團的特性是發酵速度較慢。

　　理想的烘焙成品應該是組織不會過於細緻，換言之，略帶一些粗糙和不均勻，儘管如此，它還是會在你嘴裡融化。而且，口感應該是柔軟而不過於鬆軟，具有一定的重量感。

步驟的順序

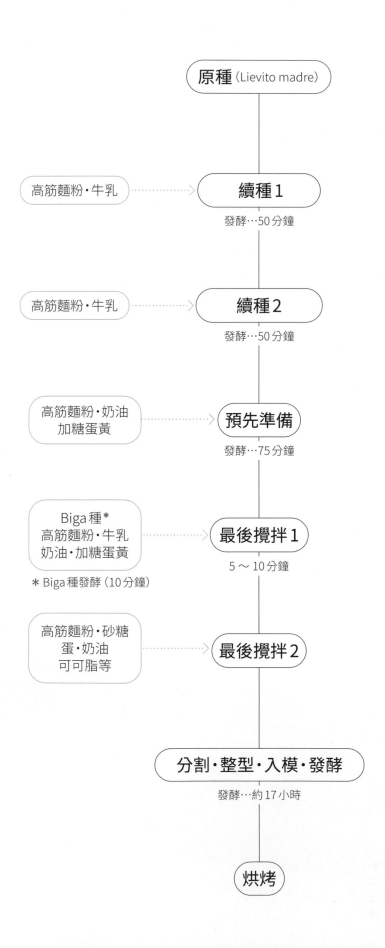

原種（Lievito madre）

高筋麵粉・牛乳 ⋯⋯⋯⋯> 續種1

發酵⋯50分鐘

高筋麵粉・牛乳 ⋯⋯⋯⋯> 續種2

發酵⋯50分鐘

高筋麵粉・奶油
加糖蛋黃 ⋯⋯⋯⋯> 預先準備

發酵⋯75分鐘

Biga種＊
高筋麵粉・牛乳
奶油・加糖蛋黃 ⋯⋯⋯⋯> 最後攪拌1

5～10分鐘

＊Biga種發酵（10分鐘）

高筋麵粉・砂糖
蛋・奶油
可可脂等 ⋯⋯⋯⋯> 最後攪拌2

分割・整型・入模・發酵

發酵⋯約17小時

烘烤

配方表

- 重量以烘焙比例100%＝1000g時表示。
- 續種1中「原種」的麵粉量是外加（不包括在烘焙比例中）。

	烘焙比例	分量

續種1[1]

原種	8.4%	84g
高筋麵粉（Selvaggio）	8.4%	84g
牛乳	6.3%	63g

續種2

續種1的麵團	全量	231g
高筋麵粉（Selvaggio）	12%	120g
牛乳	9%	90g

預先準備[2]

續種2的麵團	全量	441g
高筋麵粉（Selvaggio）	12%	120g
加糖蛋黃（20%加糖）	12%	120g
奶油	1.8%	18g

最後攪拌1

預先準備的麵團	全量	699g
Biga種		
高筋麵粉（Selvaggio）	3.6%	36g
牛乳	2.4%	24g
新鮮酵母	1.2%	12g
高筋麵粉（Selvaggio）	21.7%	217g
加糖蛋黃（20%加糖）	18.1%	181g
奶油	3%	30g
牛乳	4.2%	42g

最後攪拌2[3]

最後攪拌1的麵團	全量	1,241g
a		
高筋麵粉（Selvaggio）	42.3%	423g
細砂糖	10.8%	108g
加糖蛋黃（20%加糖）	19.9%	199g
全蛋	12%	120g
蜂蜜	1.8%	18g
蘭姆酒	0.7%	7g
牛乳	6%	60g
b		
奶油	7.2%	72g
可可脂	1.2%	12g
細砂糖	25.3%	253g
加糖蛋黃（20%加糖）	12%	120g
鹽	1.2%	12g
c（奶油的預先處理）		
奶油	42.2%	422g
加糖蛋黃（20%加糖）	12%	120g
香草籽	高筋麵粉1kg相對使用0.6根	0.6根

1

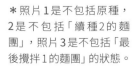

2

＊照片1是不包括原種，2是不包括「續種2的麵團」，照片3是不包括「最後攪拌1的麵團」的狀態。

3

1 ⋯→ 續種1&2 •攪拌完成溫度…24°C

將原種以高筋麵粉和牛乳進行2次續種。
在下一次攪拌之前，發酵50分鐘。

續種1 •發酵溫度…室溫（24～25°C）│發酵時間（包含攪拌）…1小時

1 如果原種的表面乾燥，用刀子輕輕削去。

2 將高筋麵粉、原種和牛乳按順序放入直立式攪拌機中，以低速攪拌。

3 持續攪拌8～10分鐘。

4 為了避免麵團變乾，將續種2的高筋麵粉撒在表面，發酵約50分鐘。

續種2 •發酵溫度…室溫（24～25°C）│發酵時間（包含攪拌）…1小時

1 在續種1的步驟4中加入牛乳，以低速攪拌。

2 攪拌8～10分鐘，直到麵團結合，然後轉移到雙臂攪拌機中。

3 為了避免麵團變乾，將預先準備的高筋麵粉撒在表面，發酵約50分鐘。

2 ─→ 預先準備　•攪拌完成溫度⋯24°C｜室溫（24～25°C）｜發酵時間（包含攪拌）⋯1.5小時

在最後攪拌之前，將續種的麵團中
加入奶油、蛋黃等，進行混合。

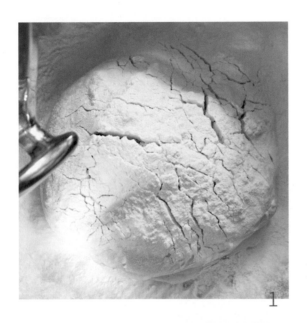

1

續種2的麵團。因發酵
使表面撒上的高筋麵粉
出現裂紋。

2

加入蛋黃和奶油，以低
速混合。

3

4

混合10～15分鐘後，
將最後攪拌1配方中的
高筋麵粉撒在表面，發
酵約75分鐘。

Point

預先準備的理由

因為Pandoro會大量使用蛋黃、糖、奶油等材
料，如果一次加入會使得麵團難以形成，並影
響發酵。因此，需要有預先準備的過程，逐步
加入這些材料。

Biga 比加種　•攪拌完成溫度…24°C

這是一種使用酵母的中種。

由於 Pandoro 會使用大量的蛋黃、糖和奶油，導致麵團難以發酵，因此在接近完成的**最後攪拌1** [p.096] 中添加酵母，以增強發酵力。

1

這次使用的材料包括高筋麵粉、牛乳、酵母（根據使用方法，Biga 種的材料和配方各有不同）。

2

將高筋麵粉、酵母、牛乳按順序放入直立式攪拌機中。

3

以低速攪拌5～8分鐘。

4

將麵團取出放在工作檯上，整型成球狀。

5

將麵團放入鋼盆中，在室溫（24～27°C）下發酵10分鐘。

6

發酵完成的 Biga 種。

3 ⋯⟩ 最後攪拌 •攪拌完成溫度⋯24°C

奶油的預先處理

在最後攪拌的過程中，會添加大量的奶油。為了更容易混入麵團中，事先將部分蛋黃加入奶油攪拌以軟化。

1

材料包括奶油、蛋黃和香草籽（根據配方表的**最後攪拌2-c**）。

2

將奶油和香草籽放入直立式攪拌機中，混合成柔軟的軟膏狀。

3

分3次加入蛋黃，每次間隔數分鐘，攪拌混合。不時將黏在攪拌缸壁的奶油刮下，以便均勻混合。

4

攪拌約10分鐘後，即完成奶油的預先處理。

最後攪拌1

將最後攪拌的過程分為2個階段，使麵團更容易處理。在第1階段的攪拌後，稍微靜置一下使麵團鬆弛。

將**預先準備**的麵團加入Biga種、奶油、蛋黃和牛乳，以低速混合。

約10～15分鐘後，麵團會從攪拌缸中離缸並開始成團。

在麵團上撒**最後攪拌2-a**配方中的高筋麵粉，靜置5～10分鐘。

最後攪拌2

逐步添加蜂蜜、蘭姆酒和事先融化的可可脂等材料。
將材料分成3次，逐步添加以使其融入麵團中。

添加**最後攪拌2-a**所需的細砂糖、蛋黃、全蛋、蜂蜜、蘭姆酒和牛乳。

以低速攪拌10～15分鐘，直到麵團結合。

添加**最後攪拌2-b**所需的奶油。

接著添加融化的可可脂，並攪拌約10分鐘，直到麵團融合。

分2～3次逐步加入**最後攪拌2-b**所需的細砂糖和蛋黃，交替加入並攪拌約10分鐘。

一次加入全部材料會使麵團難以結合。分批逐次加入是關鍵。

9

當麵團結合且成形後，
加入**最後攪拌2-b**的鹽。

10

逐步加入預先處理的奶
油[p.095]，並持續攪拌
約15分鐘。

11

最後攪拌完成。攪拌完
成的溫度為24℃。

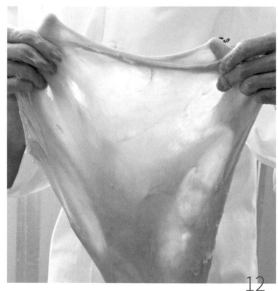

12

麵團可延展至形成薄膜
即可。

4 ⋯> 分割‧整型

將麵團分割並滾圓，讓表面平滑。

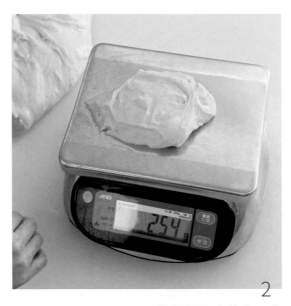

1

為防止麵團沾黏，將工
作檯面薄薄塗上少量軟
化的奶油（分量外）。

2

將麵團取出放在工作
檯，用切麵刀分割秤量。

3

單手將麵團提起，把延
展拉長的麵團翻轉，然
後對摺。

4

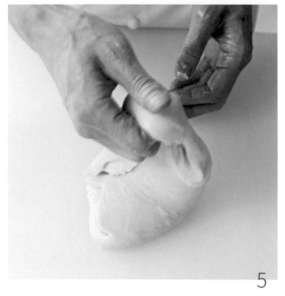

重複步驟3～4，每次
微微調整位置。

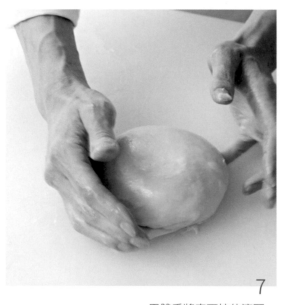

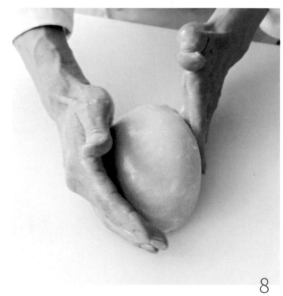

用雙手將表面拉伸滾圓。

5 ⇢ 入模・發酵　•發酵溫度／濕度…19°C／60%｜發酵時間…約17小時

將麵團放入專用的 Pandoro 模具中，在烘烤前進行最後發酵。
與 Panettone 不同，Pandoro 在此階段進行發酵。

在模具內側塗抹一層奶油（分量外）。圖中使用的是250g的模具（口徑17cm）。

將麵團的閉合處朝下，小心地放入模具中，避免外型受損。

將模具放入發酵箱（溫度19°C，濕度60%），發酵約17小時。

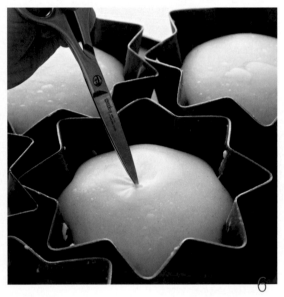

當麵團發酵至接近模具高度的9成時，即完成最終發酵階段，可進入烘烤。

如果麵團表面出現氣泡，用剪刀剪開排出。

6 ⋯⟩ 烘烤

以比 Panettone 更低的溫度,即135℃,烤35〜45分鐘。
確保整個烤透,直到表面呈現深濃的金黃色為止。

放入烤箱

將模具排放在烤盤上,放
入轉架烤箱(Rack oven,
135℃)。1

使用250g的模具需烤
約35分鐘,使用500g的
模具需烤40〜45分鐘。2

3

出爐

烘烤完成後，Pandoro
將凸起於模具邊緣上方
約數公分。

確保烤至深濃的金黃
色。中心可能會稍微下
陷，但不會很明顯。

將Pandoro放在架子上，
直到表面完全冷卻，約
3小時。

7 ⋯⋯> 完成

冷卻後的 Pandoro 應該裝入塑膠袋中，並撒上糖粉販售。
下面將介紹撒糖粉的技巧。

1

確認已經冷卻，脫模。
在完全冷卻之前脫模會
導致 Pandoro 下陷。

2

等待約1小時讓表面乾
燥後，撒上糖粉。

3

用手將糖粉均勻地塗抹
在整個表面，包括凹槽
部分，確保每個部分都
均勻地覆蓋塗抹上糖粉。

4

5

Point

以糖粉增添甜味

最常見的方式，是將糖粉撒在裝入袋子裡的
Pandoro上，然後輕輕搖晃袋子，使糖粉均勻
地附著在表面。然而，如照片中所示，用手將
糖粉均勻地塗抹在表面，麵包體可以更好地融
合糖粉的甜味。無論如何，最好在食用前才抹
上糖粉。

新型態的Pandoro

就像Panettone的製作方法正在迎接新的潮流一樣，近年來，Pandoro也開始製作新型態的產品。與傳統的製作方法（p.090）相比，新型態的Pandoro在材料上添加了麥芽糖漿，增加了奶油的份量。但最大的不同在於，整個攪拌（揉捏）過程。傳統方法的發酵時間為50～75分鐘，而新型態的

Pandoro，則根據不同階段增長至2.5小時或3.5小時。另外，在加入Biga種過程中的發酵時間也有很大不同，傳統方法約為10分鐘，而新型態則為2.5小時。這樣製成的Pandoro風味更加豐富，口感更為細膩、易融於口。

步驟的順序

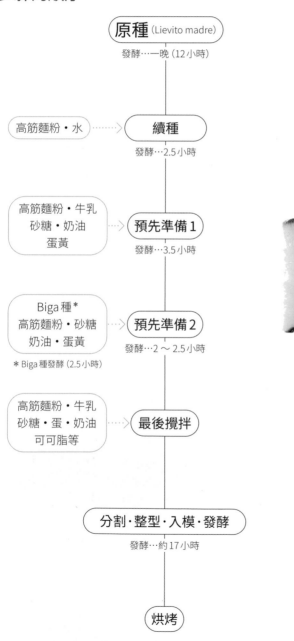

原種(Lievito madre)

發酵⋯一晚（12小時）

高筋麵粉・水 ┄┄┄▷ **續種**

發酵⋯2.5小時

高筋麵粉・牛乳
砂糖・奶油
蛋黃 ┄┄┄▷ **預先準備1**

發酵⋯3.5小時

Biga種＊
高筋麵粉・砂糖
奶油・蛋黃 ┄┄┄▷ **預先準備2**

發酵⋯2～2.5小時

＊Biga種發酵（2.5小時）

高筋麵粉・牛乳
砂糖・蛋・奶油
可可脂等 ┄┄┄▷ **最後攪拌**

分割・整型・入模・發酵

發酵⋯約17小時

烘烤

新型態的Pandoro

發酵時間變長，材料比例也有所不同，
Pandoro的配方也在變化中。

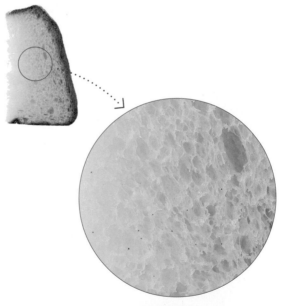

充滿適當氣泡的切面狀態。

1

與 Panettone 的「Moderno 現代製作法」一樣，在續種之前進行水浸。

2

另一個特色是在 Biga 種中添加麥芽糖漿。

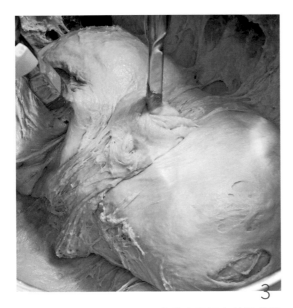

3

發酵時間傾向於比傳統製法更長。

4

外觀上與傳統的 Pandoro 相同，但口感更加濕潤，化口性更好。

Chapter 7

以 Panettone 或 Pandoro 麵團
製作的發酵糕點

Panettone 和 Pandoro 基本上是每年一次，在聖誕季節製作的產品。然而，如果不持續進行續種，就無法保持原種的品質。因此，除了聖誕節之外，利用 Panettone 和 Pandoro 的麵團製作發酵糕點，有效地利用麵團，並穩定地保持原種品質是理想的做法。在這一章中，介紹了 5 種如此應用製作發酵糕點的例子。其中，Colomba pasquale 和 Veneziana 原本有各自的麵團，但與 Panettone 麵團很多部分相似，因此現在通常都是用 Panettone 的麵團來製作。

復活節的鴿子
Colomba pasquale

「復活節的鴿子」是復活節的慶祝點心，有著悠久的歷史。它的起源地是位於米蘭南部的帕維亞（Pavia）。原本有特定 Colomba 的配方，但現在許多店家都使用 Panettone 的麵團來製作傳統的「鴿子形狀」。與 Panettone 不同的是，其中混入的果乾只有糖漬橙皮。頂部會使用糖衣，裝飾上杏仁，這是從古至今傳統的風格。

Column

Colomba 和西奧德琳達女王

在6～7世紀左右，西奧德琳達女王（Teodolinda regina）統治著以帕維亞（Pavia）為首都的倫巴底王國（Regno dei Longobardi），留下了一些與Colomba原型相關的甜點傳說，其中之一是：「有一次，正在朝聖途中的聖科隆巴諾（San Colombano）來到了西奧德琳達女王的宮廷。女王準備了豐盛的宴席招待他，但由於正值四旬節，朝聖者不能吃肉，於是聖科隆巴諾祝福了餐桌，肉料理變成了鴿子形狀的點心」。

配方表（500g分量的紙模1個）

Panettone 麵團 … 100%
糖漬橙皮 … 麵團重量的20%
＊ 使用上述2種材料混合的麵團取500g。
蛋白杏仁糊 Glaçage（配方如下）… 70g
蛋白 … 100g
砂糖 … 110g
杏仁粉 … 100g
杏仁（整粒）… 約10粒
珍珠糖 … 適量
＊「Panettone 麵團」請參考p.039。

作法

1 … 使用 Panettone 的材料（p.039），將3種果乾改為糖漬橙皮製作麵團。分割成形，放入 Colomba 專用模具（p.112）。以發酵箱進行發酵。
2 … 製作蛋白杏仁糊。將蛋白和砂糖混合攪拌至溶解，加入杏仁粉攪拌均勻。
3 … 使用擠花袋，在1的表面擠出2的蛋白杏仁糊，撒上杏仁和珍珠糖，放入烤箱烘烤（160℃，40分鐘）。
4 … 與 Panettone 相同，以 Gira Panettoni（Panettone 針架）倒掛冷卻一晚。

麵團的入模方法

有幾種方法可以將 Colomba 的麵團入模。您可以根據自己的喜好選擇，但若是將麵團分成2或3個麵團放入模具中，會在烘烤後使表面和內部產生接縫，並且麵包內部某些地方的結構會較緊密。最近的主流趨勢是以單個麵團入模烘烤，這樣整體膨脹均勻，口感也更好。

a-1　　　　a-2　　　　a-3

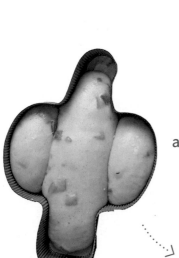

a ⋯> 將身體部分和左右兩翼共分為3份

先將身體部分（300g）整型成細長圓柱狀，放入模具中央，
將兩側的羽翼（各100g）整型成橢圓形，各放在一側。

b ⋯> 以單一麵團入模

將500克的麵團整型為細長圓柱狀，
放入模具中央。
發酵後，自然擴展到整個模具。

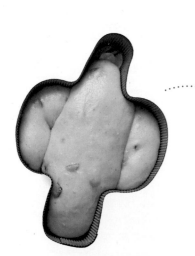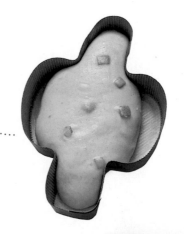

c ⋯> 分為身體和兩翼共2份

將左右兩側的羽翼（200g）整型為長條狀，以弧形的狀態
放入，然後將身體部分（300g）交疊放在上方。

b

c-1　　　　c-2　　　　c-3　　　　c-4

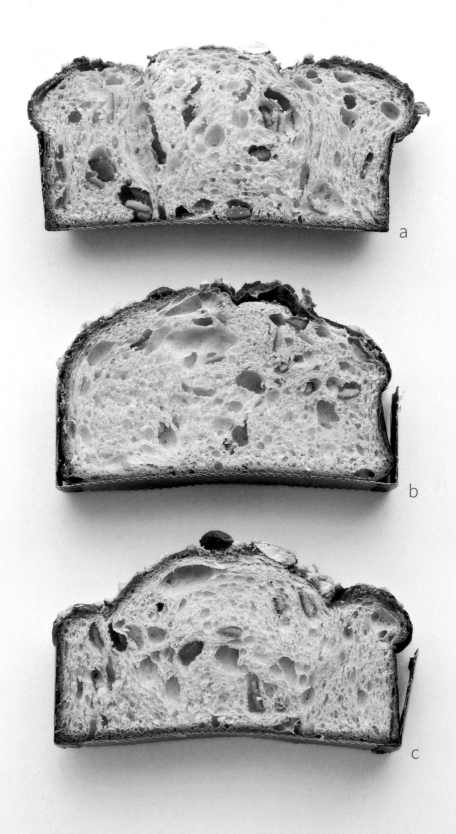

上方分別是以3個麵團、單1個麵團和2個麵團入模後的Colomba切面。以單1個麵團放入的膨脹最大，氣泡也最均勻。另外，切片時首先從長邊垂直切成兩半，然後從一份的短邊開始切片，這樣切出的每片大小接近，更容易食用。

威尼斯
Veneziana

Veneziana 是「威尼斯風格」的意思，這也是最初作為米蘭的聖誕糕點而誕生的發酵糕點。現在通常是使用與 Colomba 相同的麵團（只混入糖漬橙皮）烤成 Panettone 形狀，然後塗上蛋白杏仁糊。不過，

與 Colomba 不同的是，蛋白杏仁糊比較柔軟，而且只用蛋白杏仁糊和糖粉裝飾。並且會增加蛋白的量使其變得較軟，但與 Colomba 不同的是，它不會脆脆的裂開，而是軟軟的烤熟。

配方表（1kg 分量的紙模 1 個）

| Panettone 麵團 … 100%
| 糖漬橙皮 … 麵團重量的 20%
＊ 使用上述 2 種材料混合的麵團取 950g。
蛋白杏仁糊 Glaçage（配方如下）… 70 ～ 80g
| 蛋白 … 150g
| 砂糖 … 110g
| 杏仁粉 … 100g
珍珠糖 … 適量
糖粉 … 適量
＊「Panettone 麵團」請參考 p.039。

作法

1 … 使用 Panettone 的材料（p.039），將 3 種果乾改為糖漬橙皮製作麵團。分割成形，放入 Panettone 專用模具。在發酵箱中進行發酵。

2 … 製作蛋白杏仁糊。將蛋白和砂糖混合攪拌至溶解，加入杏仁粉攪拌均勻。使用擠花袋，在 1 的表面擠出蛋白杏仁糊，撒上珍珠糖和糖粉，放入烤箱烘烤（160℃，50 分鐘）。

珠寶盒
Bauletto

原本指的是「小型手提包」或「珠寶盒」等方形盒子，但在義大利，有時會用「Bauletto」這個詞來稱呼，以小型蛋糕模具製作，像磅蛋糕一樣的小麵包或甜

點。在 DONQ，我們也將各種配料混入 Panettone 麵團中，然後放入小型長方形（底部 20cm×6.5cm、高度 5cm）的紙模中烘烤後銷售。

栗子口味

莓果口味

作法

莓果珠寶盒

將 Panettone 麵團與半乾莓果（蔓越莓、藍莓、酸櫻桃）混合，分割、整型後放入紙模中。在溫暖的環境下發酵後，放入烤箱烘烤（160°C，25～30 分鐘）。最後，在表面塗上融化的白巧克力，撒上半乾莓果。

栗子珠寶盒

將 Panettone 麵團與糖漬栗子和核桃混合，分割、整型後放入紙模中。在溫暖的環境下發酵後，塗上與 Colomba 相同的糖霜，表面撒上核桃，篩上糖粉，然後放入烤箱烘烤（160°C，25～30 分鐘）。

早安
Buondi

當初 DONQ 開始研究 Panettone 和 Pandoro 時，這是義大利的麵包師傅最早傳授的發酵點心。以 Pandoro 麵團為基礎，每個 50g 的麵團放入長約 12 cm 的長方形模具中，上面撒珍珠糖後烘烤而成，內部填有巧克力醬。Buondì 一詞的意思是「Buongiorno 早安」，與「Hello」的意思相同。

作法

1 … 將 Pandoro 麵團分成每個 50g，整形為長約 10cm 的
長條狀，放入專用的烤模中，尺寸為 12×6 cm。

2 … 放入發酵箱 (溫度 20℃，濕度 60%) 發酵約 16 小時。

3 … 用蛋液刷塗表面，薄薄的擠上杏仁膏 (marzipan)，
再撒上珍珠糖。放入烤箱 (溫度 150℃，烘烤 22 分鐘) 烤
至金黃。

4 … 待冷卻後，橫向將其剖半，塗抹巧克力醬夾起。

小月亮
Lunetta

與 Buondi 一樣，這是一種用 Pandoro 麵團製作的柔軟發酵點心，是同時期開始製作的產品。「Lunetta」的意思是「小月亮」，麵團放入月牙形的模具中，撒上珍珠糖後烘烤而成。一個約 60g，長約 18cm 的小尺寸。

作法

1 … 將 Pandoro 麵團分成每份60g，整型成長約
18cm 的長條狀。放入專用的月牙形烤模中。

2 … 放入發酵箱（溫度20℃，濕度60%）發酵約16
小時。

3 … 塗抹蛋液，撒上珍珠糖。以烤箱烘烤（150℃，
22分鐘）。

Micca di montagna [p.122]

Pane contadino [p.126]

Chapter 8

Italian bread
義大利的麵包

Francesino [p.128] Cornetti [p.130]

在義大利，如同料理一樣，每個地區都製作著各種類型的麵包。除了普通小麥之外，南部常用硬質小麥（杜蘭小麥 Durum），北部則常用黑麥，而一些特別的地區還使用米粉、玉米粉、乳酪等來製作麵包，這些麵包有著悠久的歷史。發酵過程中，主要是麵包酵母（酵母菌）發揮作用，有時還會添加「Biga 比加種」來增強發酵能力。另一方面，使用自家培育的原種（Lievito madre）製作的麵包並不太常見，但形狀和大小卻有著非常多變化，有圓形、長棍形、甚至還有薄如脆餅、和圓環如甜甜圈般的形狀…等。在這裡，我們將介紹使用與 Panettone 相同的原種和少量酵母製作的 3 種麵包，以及只使用酵母製作的 1 種麵包。

山的圓麵包
Micca di montagna

這是一種與法國麵包領域中的「Miche」和「Pain de campagne」相似的圓形硬質麵包。麵粉使用了2種高筋麵粉和黑麥麵粉共3種。以原種（Lievito madre）為主體，添加少量酵母製作。麵包烘烤後

具重量且扎實，口感豐富，呈現出高水量的柔軟口感，以及黑麥特有深厚的酸味與風味。這種麵包受到來自皮埃蒙特（Piemonte）山區製作麵包的工匠— Eugenio Pol 的啟發而製作。

配方表（直徑30cm的1個）
• 配方以烘焙比例計算

液狀發酵種（原種）[p.125]…15%
原種 [p.029] … 8%
續種時剩餘的麵團 … 8%
　※ 續種時剩餘的麵團：
在續種時從原種中切下來的外層麵團。
存放在冰箱中，有效利用於麵包麵團等。

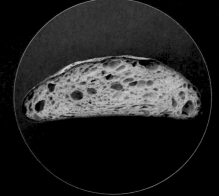

高筋麵粉（Selvaggio）…50%
石磨高筋麵粉（Grist mill）…30%
石磨全麥麵粉（Brocken）…20%

鹽… 2.5%
麥芽糖漿 … 0.2%
酵母（semi-dry yeast 紅）… 0.1%
水…70%＋25%

工序

攪拌（螺旋攪拌機）
- 將粉類、麥芽糖漿、水（70%）加入，以低速攪拌3分鐘。在停止前撒上酵母。
- 自我分解法（Autolyes）20分鐘。
- 加入3種原種，同時以低速攪拌，逐漸加入鹽。以低速攪拌6分鐘，然後切換至高速攪拌30秒。
- 以低速攪拌慢慢加入剩餘的水（25%），最後以高速攪拌30秒。

攪拌完成溫度
- 22℃

發酵
- 在室溫（27℃）下發酵90分鐘。進行壓平排氣，然後在5℃的冰箱中放置約16小時。
- 隔天，室溫下約30分鐘復溫。

分割
- 每份1800g。
- 滾圓後，讓其在室溫下靜置90～120分鐘，麵團溫度恢復至17℃以上。

整型
- 在壓平排氣的同時，將其整型成圓形，將麵團的收口朝上放入發酵籃。

發酵
- 在27℃，濕度75%下發酵120分鐘。

烘焙
- 在烤盤上撒少量麵粉（分量外），將麵團從發酵籃中取出，收口朝下放置。
- 使用切割刀在表面劃出幾道切口。
- 烤箱中注入蒸氣，上下火均設定為250℃，烘烤10分鐘 → 上火240℃，下火230℃，烘烤20分鐘 → 上火230℃，下火220℃，烘烤15分鐘（共計45分鐘）。

自我分解法（Autolyes）… 是指將麵粉、水、麥芽糖漿混合後，靜置15 ～ 30分鐘，然後再加入麵包酵母（yeast）和鹽，再攪拌的過程。這個步驟可以縮短攪拌時間，並提高麵團的延展性。

Column

在深山製作麵包的獨行職人

在 p.122 提到的「山的圓麵包」是一種在義大利少見的大型全麥麵包，屬於硬質的麵包種類。我第一次接觸到這種麵包是二十多年前，在東京的百貨公司舉辦的義大利展上。我對於在義大利也能找到類似於法國著名的「Pain Poilâne」感到驚訝，忍不住買了一個。過了幾年，2000 年時，偶然拿起『月刊　專門料理 』，裡面介紹了一位麵包師傅，讓我印象深刻，迫切地想與他見面，終於在 2018 年有機會拜訪他的工作室。這位麵包師傅的名字叫做 Eugenio Porl。他獨自一人在皮埃蒙特 (Piemonte) 的深山中製作麵包，只供應給餐廳。他的外表和思想都讓人聯想到哲學家或科學家，他對麵包製作的熱情與熱愛讓我深受感動。

左上：佐藤先生提供 2000 年 9 月號的『月刊　專門料理 』。當時由餐廳「Aimo e Nadia」的 Aimo Moroni 先生引薦，位在皮埃蒙特山區佛貝洛村 (Fobello)，「Vulaiga」麵包工坊的專文介紹。

右上：2018 年佐藤先生拜訪了「Vulaiga」麵包工坊，與 Eugenio Porl 先生交流。
左下・右下：那個時候 Porl 先生所烤的「山的圓麵包 (Micca di montagna)」以及他工坊的樣子。

液狀發酵種 (原種) Lievito madre liquido

為了使麵包的外皮 (Crust) 變得較薄、口感更輕盈，義大利的麵包界也採用一部分液體形式 (濃稠的狀態) 的原種。這裡使用少量的原種 (Lievito madre)

溶解於水中，並添加新的高筋麵粉進行發酵。這種方法適用於「山的圓麵包」和「農夫麵包」。

配方表

• 配方按照烘焙比例計算

原種 [p.034] … 15%
高筋麵粉 (Selvaggio) … 100%
水 … 100%

工序

1 … 在鋼盆中加水，將原種撕成指尖大小放入。由於原種不易溶解，用打蛋器混合2 ～ 3分鐘，重複4～5次，至原種完全溶解為止，需要10～20分鐘。

2 … 在1中加入高筋麵粉，用橡膠刮刀混合直到沒有結塊 (完成時溫度為24℃)。

3 … 在室溫 (24℃) 下發酵約60分鐘，然後放入冰箱 (5℃) 保存。

農夫麵包
Pane contadino

這類型的麵包在法國麵包領域稱為「Pain Paysan」。雖然通常是烘焙成圓形，但這次是製成長條狀。與「山的圓麵包」不同在於，這種麵包使用了製作義大利麵常見的杜蘭小麥粉，配方也稍有改變。使它具有獨特的口感和個性。

配方表（長38cm的1個）
• 配方按照烘焙比例計算

原種 [p.034] … 20%
續種時剩餘的麵團 … 10%
液狀發酵種（原種）[p.125] … 10%

高筋麵粉（Selvaggio）… 60%
硬質小麥粉（Duelio）… 25%
石磨全麥麵粉（Brocken）… 15%

鹽 … 2.2%
麥芽糖漿 … 0.5%
酵母（semi-dry yeast 紅）… 0.3%
水 … 74%

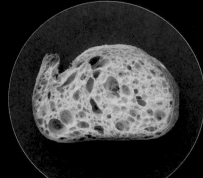

工序

攪拌（螺旋攪拌機）
· 在攪拌機中加入粉類、麥芽糖漿和水，以低速攪拌3分鐘。在停止攪拌之前撒入酵母。
· 自我分解法（Autolyes）20分鐘。加入3種原種，同時加入鹽，並以低速攪拌6分鐘。
· 以高速攪拌30秒，直到麵團變得光滑。
攪拌完成溫度
· 23℃
發酵
· 在27℃，濕度75%條件下發酵50分鐘。壓平排氣後以相同條件再次發酵50分鐘。

分割
· 每個麵團分割為600g。
· 將麵團滾圓後，室溫鬆弛30分鐘。
整型
· 在工作檯上撒一些手粉，將麵團放上輕輕拍平。將麵團的前側和後側折向中間，並沿中心線對摺。
· 將麵團從中間向左右兩側延展至38cm長，並將兩端捏緊，使其成為Boulot形狀（短而粗的長條狀）。
· 在表面輕撒一些額外的硬質小麥粉（分量外）。將麵團的收口朝下放在帆布上。

發酵箱
· 在27℃，濕度75%條件下發酵120分鐘。
烘烤
· 在放置麵團前，在滑送帶（Slip peel送入烤箱的工具）上撒一層小麥粉，然後將麵團放上去。
· 使用切割刀在表面劃上切口。
· 烤箱中加入蒸氣，以上火240℃，下火220℃烘烤35分鐘。

小法國
Francesino

這是一種在義大利被歸類為「Pasta Molle 柔軟麵團」類型的麵包，以 Biga 比加種製作而成。在義大利，Baguette 長棍有時被稱為「Pane francese 法式麵包」，而由此命名為「Francesino 小法國」。柔軟

麵團可以製成各種形狀，像是照片中的小法國 Mini baguette、巧巴達 Ciabatta、佛卡夏 Focaccia、披薩 Pizza 等各種麵包。

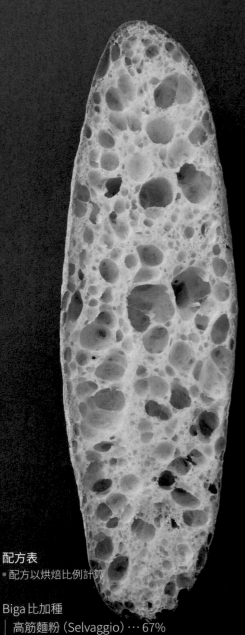

配方表
• 配方以烘焙比例計算

Biga 比加種
　高筋麵粉（Selvaggio）… 67%
　水 … 33%
　酵母（semi-dry yeast 紅）… 0.2%

高筋麵粉（Selvaggio）… 16.5%
石磨高筋麵粉（Grist mill）… 16.5%

麥芽糖漿 … 0.5%
酵母（semi-dry yeast 紅）… 0.2%
鹽 … 2%
水 … 28%+13%

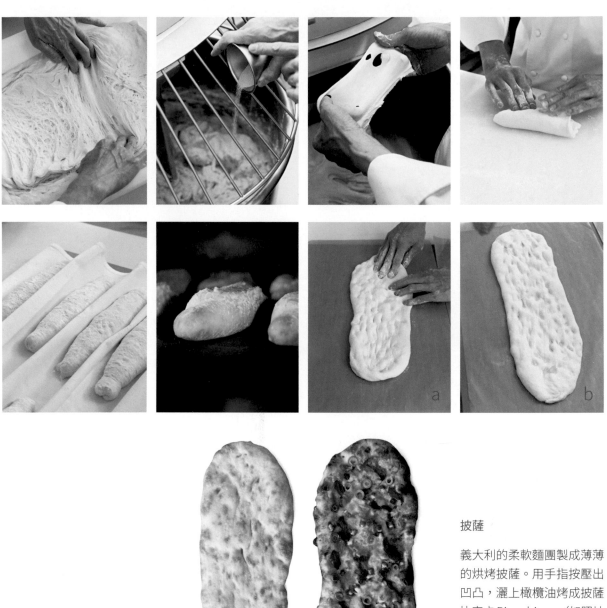

披薩

義大利的柔軟麵團製成薄薄的烘烤披薩。用手指按壓出凹凸，灑上橄欖油烤成披薩比安卡 Pizza bianca（如照片 a、b）。也可以放上番茄醬、橄欖、培根、乳酪等配料，成為經典的披薩款式。

工序

Biga 比加種

攪拌（螺旋式攪拌機）
· 放入所有材料，以低速攪拌 7 分鐘。

攪拌完成溫度
· 22℃

發酵
· 在 15℃下發酵 18 ～ 20 小時。

攪拌（螺旋式攪拌機）
· 放入全部的 Biga 比加種、粉類、麥芽糖漿和水（28%），在攪拌缸中以低速攪拌。

· 逐漸加入水（13%），然後依次加入酵母和鹽，以低速攪拌 8 分鐘，高速攪拌 30 秒。

攪拌完成溫度
· 23℃

發酵
· 27℃、濕度 75% 發酵 50 分鐘。

分割
每個 200g（披薩為 400g）。

靜置時間
· 靜置 25 分鐘（披薩為 20 分鐘）。

整型
· 長 22 ～ 23cm 長條狀，表面撒上小麥粉（份量外），收口朝下放在帆布上（披薩為 30cm ～）。

發酵
· 在 27℃、濕度 75% 發酵 50 分鐘（披薩為 30 分鐘）。

烘烤
· 將麵團的收口朝下放置，以切割刀在表面劃上切口。

· 烤箱中注入少量蒸氣，以上火 240℃、下火 220℃ 烤約 25 分鐘（披薩則加入喜愛的配料，上火 260℃、下火 220℃ 烤 10 分鐘）。

義式可頌
Cornetti

位置在義大利，有一種被稱為「小角」的甜點「Cornetti」，是早餐的常見選擇。過去，通常用布里歐麵團 (Brioche) 製作，但最近採用酥脆的法式風格為主流。這個食譜使用了原種，並添加了大量的蛋，使口感更加濕潤。

配方表
• 配方按照烘焙比例計算

原種 [p.034] … 25%
高筋麵粉 (Selvaggio) … 100%
酵母 (新鮮酵母) … 4.5%
全蛋 … 32.5%
脫脂奶粉 … 2%
鹽 … 2%
細砂糖 … 25%
奶油 … 20%
水 … 17.5%
柳橙皮 (磨碎)
… 1個 (每1kg高筋麵粉)
香草莢 … 1根 (每1kg高筋麵粉)

奶油 (摺入用)
… 500g (每1.6kg麵團)

糖漿
| 細砂糖 … 100%
| 水 … 100%

糖粉、珍珠糖

內餡
| 卡士達醬
| 杏桃果醬
| 柳橙果醬

工序

攪拌 (直立式攪拌機)
· 放入所有材料，除了2/3的細砂糖和奶油外，以低速攪拌5分鐘。
· 當麵團開始結合時，分2次加入剩餘的細砂糖，以中速攪拌5分鐘。
· 當麵團攪拌均勻後，加入奶油，以中速攪拌3～5分鐘。
攪拌完成溫度
· 25～26℃
發酵
· 分成每個1600g後，放入5℃的冷藏庫冷藏一晚。
折疊
· 麵團放在壓麵機上延展。將折入用的奶油包入後，以壓麵機延展並進行4折疊，共重複2次。
· 放入冷藏靜置。

整型
· 在壓麵機上延展至3mm厚。
· 切成長20×寬10cm (55g) 的三角形，從尖端開始捲起。
發酵
· 在27℃、濕度75%的環境中發酵180分鐘。
烘焙
· 表面刷塗蛋液，以上火200℃、下火160℃烘烤15～16分鐘。
(如果要添加珍珠糖，則在刷塗蛋液後撒上)
· 烘烤完成後，表面刷塗糖漿。
(糖漿是以平底深鍋煮沸細砂糖和水，冷卻製成)
完成
· 放涼後，擠入卡士達醬或果醬等。如果要篩上糖粉也在此步驟進行。

自然醗酵菓子

…とする独特の菓子です。イーストを使わず、一つ一つをていねいに
…色に焼き上げます。バターや卵など純粋な材料が、ふんわりと香り
…ます。かるやかでソフトな甘味、そして日持ちのよさも自慢の一つ
…ちよく合いますし、またお子様からお年寄りまで、極めて栄養価の
…におすすめいたします。

イタリアのパン

イタリアのパンは、北イタリア生まれで、…バラの花をかたどった"ロゼッタ"を始め
として、自然種を使いゆっくりと焼き上げた "パン・ディ・パン"（パンの中のパ
ン）、港町ジェノヴァの朝を告げる"フォカッチャ" などとすっきりとした
…がよく、型もうしりかもとても楽しいものです。…るい人…で、味…に生
…する彼らの気分を味わっていただけます…の思い味…、パ…、コ…、クラ
…ンスパンと同じ…そうです。…も…
ばれます。

Chapter 9

DONQ 的 Panettone

1970 年代 DONQ 的目錄。右側起分別是「Panettone」「Pandoro」「Lunetta」和「Buondi」。

總部設於兵庫縣神戶市，在全國製造和銷售法國麵包和法式甜點的 DONQ 東客麵包。創業可以追溯至 1905 年（明治 38 年）的「藤井麵包」。DONQ 這個商號始於 1951 年（昭和 26 年），當時是由第三代的藤井幸男先生，繼承家業的時代。從早期開始，DONQ 就致力於普及正宗的法式麵包，包括聘請法國麵包製作相關的教授，在麵包業界領導潮流。另一個藤井幸男先生熱衷的項目，那就是義大利的發酵糕點一「Panettone」。1970 年代，偶然的相遇開啟了 DONQ 和 Panettone 的歷史篇章。

1970年代延續至今DONQ的「Panettone」歷史

DONQ創辦人藤井幸男與Panettone

DONQ目前不僅在聖誕節季節，而是整年都有銷售「Panettone」*和「Pandoro」，在復活節季節也推出「Colomba」。雖然DONQ是以法國麵包為主的麵包連鎖店，但已經超過40年的時間，致力於義大利傳統糕點。在1970年代，幾乎沒有從義大利進口的產品，甚至在日本也幾乎沒有人知道這個名字。

契機是因為當時不斷訪問歐洲的藤井幸男先生，偶然中第一次嚐到Panettone。他對這款甜點讚歎不已：「原來有這麼好吃的點心！」，決定要在自己的公司推出這款產品，於是開始籌劃。

他積極進行公司內部的製造和銷售計劃，派遣公司的技術人員前往義大利進行研究，並從義大利邀請Panettone職人來到日本。1977年，更在多摩川工廠建立了「Panettone專用室」。

然而，可能由於義大利和日本的氣候差異，學習技術遇到一些困難，始終無法達到預期的風味。無論如何努力製作，即使邀請了義大利的技術人員，也無法達到所期望的美味。為何無法做出與義大利同樣美味的產品，成為持續的困擾。

＊在日文原書中，Panettone作為一般名稱，會寫為「パネットーネ」；但DONQ傳統上以「パネトーネ」的名稱銷售，因此有所區分，但中文版均寫為「Panettone」。

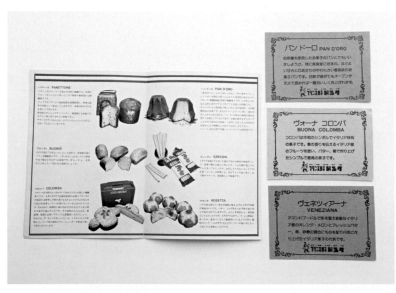

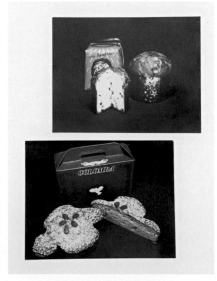

左：1980年左右的DONQ產品目錄。
介紹了「Panettone」為「甜度適中、口感柔軟，最高級的菓子麵包」。
右：當時銷售的「Panettone」和「Colomba」。

發酵糕點造詣深厚的「Sanremo」創辦人Olindo Meneghin先生。

1985年，在Olindo Meneghin先生的指導下，開始全面的生產階段

透過義大利領事館和義大利貿易促進會（現為義大利大使館貿易促進部），數年的時間尋找生產Panettone的專業職人。1984年，在艾米利亞-羅馬涅（Emilia-Romagna）里米尼（Rimini）舉辦的食品展上，結識當時已經63歲的奧林多·梅內金（Olindo Meneghin）先生，這是「DONQ Panettone歷史」的一個重要時刻。

梅內金先生在維內托大區（Veneto）巴迪亞（Badia）經營著一家名為「Sanremo」的糕點店，擅長製作Panettone和Pandoro等發酵點心。年輕時曾在米蘭的Panettone名店「Motta」受過訓練，並積極學習原種（Lievito madre）。之後，他在幾家知名商店工作，包括創立於1722年的帕多瓦（Padua）老店－「Caffè Pedrocchi」，並在1972年51歲時，開設了「Sanremo」。

參加食品展的DONQ工作人員隨後前往「Sanremo」，親眼目睹了梅內金先生的技術與高品質。次年1985年，DONQ邀請梅內金先生來到日本。梅內金先生攜帶著他引以為傲的原種（Lievito madre），在多摩川工廠展示了他的技術。1988年，他在東京市內的知名百貨公司進行示範，大獲好評。

在梅內金先生的指導下，1980年代後期，多摩川工廠開始了全面的生產。此後，我們將基地轉移到了兵庫縣的六甲島工廠，擴充生產線，開始在全國DONQ店鋪銷售Panettone、Pandoro，以及其他相關產品，像是以相同的Lievito madre製作的麵包和發酵點心。

我們稱這些產品為「聖雷莫商品」或「義大利商品」，它們是以「Sanremo」傳承下來的Lievito madre製成，每天都進行續種。然而，Lievito madre容易受氣候和風土的影響。為了保持風味的一致性，我們每年都從「Sanremo」收到新的Lievito madre，這已經成為例行程序。

左：位於維內托大區的巴迪亞，慶祝創業50周年的老字號糕點店「Sanremo」。
右：該店的產品包裝以粉紅色為主題色。

六甲島工廠和 Sanremo 生產線

位於從山陽新幹線新神戶站約 10 公里遠，六甲島的六甲島工廠。在
DONQ 的基本理念中，從小麥粉到麵團的整個過程，都由職人以「從零
開始」的方式進行。因此，六甲島工廠主要負責製造像「Panettone」和
「Pandoro」等採用特殊製作方法的產品，以及支援附近店鋪或沒有廚房
設備的店鋪。

　　提到工廠，您可能會想到自動化的現場，但在聖雷莫生產線上，為了
傳承從奧林多・梅內金先生等前輩那裡學到的技術，仍然堅持手工製作。
負責人定期前往義大利進行培訓，並致力於保持產品的品質。

　　這種古老的技術在義大利也變得越來越罕見，尤其是像「Buondì」和
「Lenetta」等小型產品，當向義大利人推薦時，他們常常會高興地表示
「好懷念！」。

六甲島工廠和 Sanremo 生產線

在六甲島工廠的聖雷莫生產線製造的
義大利糕點。這些產品保留了過去相
同的系列，傳承至今。從 1980 年代
開始，DONQ 早早地註冊了「パンド
ーロ」和「パンドリーノ」的商標，
在 2021 年仍持有（適當使用的權利
不受限）。

2014年，前往米蘭。參觀競賽展覽成為轉折點

聖雷莫生產線的產品都是按照傳統的經典製作法 [p.062] 製成。不久前，又新增了一種產品。這是用 Moderno 現代製作法 [p.036] 製成的 Panettone。這款產品被定位為聖誕季節限定，並在東京工廠製造。它只在知名百貨公司的網上商店銷售。

　　實際上，開始研發 Moderno 現代製作法的起點可以追溯到2014年夏季。當時在內部會議中，計劃了一次前往義大利參觀 Panettone 的旅行。法國定期舉辦麵包競賽，DONQ 多次派遣人員參加（包括我自己在1996年參加的「Coupe du Monde de la Boulangerie 世界盃麵包大賽」），於是我們開始調查是否有 Panettone 的競賽。後來發現，每年秋季米蘭都會舉辦此類競賽。

　　同年11月，我們組成了一個新的 Panettone 項目小組，前往米蘭。當時正好是聖誕季節，糕點店和食品店擺滿了裝有精美 Panettone 的盒子，令人印象深刻。由於之前從未在秋季訪問過義大利，第一次見識到米蘭和整個義大利在聖誕節的慶祝氛圍，深深感受到 Panettone 文化的魅力。

　　我們初次參觀的是名為「Re Panettone」的活動 [p.018]。這是一個遠超過想像的大型展覽會，在會場建築物內，有40多家 Panettone 參展商設立了攤位，進行試吃和銷售。只要事先登記，一般人也可以進場，每公斤的 Panettone 售價約19歐元（當時為2014年），與平均價格約40歐元的 Panettone 相比，價格統一，因此會場非常熱鬧。平均來說，每人會購買3個以上，有些人甚至買了5個、10個。這樣的情景也讓人印象深刻。

　　我們也試吃了一輪，所有的品質都令人驚嘆。每家店都有自己的特色，香氣、口感、柔軟度、水果的風味……無論哪一種都非常優秀。興奮難以平息，試吃的手一直沒停下來，甚至不知不覺就吃得太多了。要購買也不容易，因為選擇太多而感到猶豫不決。

　　雖然一直以來都覺得 DONQ 生產的 Panettone 很美味，但在這個活動上試吃的 Panettone，卻給人一種更加精緻、另一種美味的印象。後來才發現，參展的大多數 Panettone 都是用 Moderno 現代製作法製成，而「Classico 經典」和「Moderno 現代」兩種製法的差異，帶來了不同的風味和口感。

熱絡而擁擠的「Re Panettone」展場，客人們紛紛前來尋找 Panettone（圖片顯示了 DONQ 於 2015 年和 2017 年參展的情況）。

在2018年和2019年的「Re Panettone」活動擔任了評審。評審過程中，大約有40位參賽者展示了他們自製的完整Panettone與切面，評審們根據標準給予評分（p.150「附錄3『Re Panettone』評審表」）。

與義大利Panettone業界同步

在活動現場，舉辦了關於Panettone的座談會以及包括參展商在內的Panettone競賽發表，儘管僅有2天的時間，但視察仍然非常有成效。最重要的是，這次活動成為了一個契機，使我們與主辦方以及義大利Panettone界的專業職人們建立了聯繫，並開始交流，這是一個巨大的收穫。

從2015年開始，連續5年，DONQ成為該活動的贊助商之一。在2018年和2019年，有幸成為「Re Panettone」的評審，2018年擔任了Colomba競賽「Regina Colomba」的評審，2019年更參加了擴及海外糕點店的「Panettone World Championship」，成功晉級30強。

與此同時，多次造訪與DONQ合作的「Sanremo」，重新確認經典製作法的技術，還分別邀請了「Tiri」的Vincenzo Tiri和「Pasticceria Merlo di Maurizio Bonanomi」的Maurizio Bonanomi先生，在六甲島工廠進行了現代製作法的Panettone培訓班，穩步提升了技術。之後，更與Bonanomi先生簽訂了技術顧問合約，並在他位於米蘭附近的店舖進行培訓。

從Bonanomi先生那裡，我們不僅獲得了技術上的指導，還得到了許多關於材料和設備的建議，這些都成為重要的財富。在他的安排下，我們有機會拜訪了製粉公司「Molino Colombo」，和糕點機械製造商「Artofex」。Molino Colombo是一家歷史悠久的公司，成立於1882年，他們生產純正的小麥粉，不添加任何酵素等物質。而Artofex是一家手工製造的機械製造商，他們手工製作每個零件，生產攪拌機和食物料理機等設備。本書中使用的雙臂攪拌機就是該公司的產品。這兩家公司都注重品質而非價格，他們以追求高品質產品的精神和熱情為核心，給我們留下了深刻的印象。

| Molino Colombo

| Artofex

2019年的「Panettone World Championship」中，與佐藤先生心目中「Maestro Best 5」佼佼者－ Maurizio Bonanomi先生一同出席。

　　自從 2020 年以來，由於新冠疫情的影響，無法前往義大利，讓我感到非常遺憾。然而，在此之前的五年裡，我以每年兩次的頻率造訪義大利，積極地參觀各種糕點店，澈底吸收最尖端的技術。在多次造訪的過程中，我開始有了自己心目中的 Panettone Maestro 前五名，因此對他們的店進行定點觀察，並充分運用我過去的發酵經驗和直覺，努力磨練技術，以接近正宗的味道。

　　就我個人而言，在 2014 年去義大利考察之前，我從未有機會在公司內學習有關 Panettone 和 Pandoro 的製作方法，因此基本上是靠自學獲取知識，積累經驗，並取得了某種程度的成果。我把這視為起點，希望能夠製作出更加完美的 Panettone 和 Pandoro，並將其推向市場。

DONQ 的「Panettone」史

1977年	・在多摩川工廠設立了「Panettone 專用室」
1985年	・聘請 Olindo Meneghin 先生（「Sanremo」）
2000年	・在橫濱三越內開設「Panettone House Sanremo」
2003年	・在六甲島工廠設置生產線
2014年	・參加了義大利「Re Panettone」活動考察
2015年	・聘請 Vincenzo Tiri 先生（「Tiri」） （在六甲島工廠進行培訓）
	・獲得「義日飲食文化獎」 （在日本超過 30 年製作 Panettone，並為義大利飲食文化的推廣做出貢獻而獲得認可）
2015～2019年	・參與贊助「Re Panettone」
2018年	・聘請 Maurizio Bonanomi 先生 （「Pasticceria Merlo di Maurizio Bonanomi」） （在六甲島工廠進行培訓）
	・佐藤広樹作為評審參與「Regina Colomba」
	・於「Bakery3.0」（米蘭舉辦的麵包烘焙研討會）發表 DONQ 致力於 Panettone 的理念
2018～2019年	・佐藤広樹作為評審參與「Re Panettone」
2019年	・佐藤広樹參加「Panettone World Championship」 並入圍決賽

DONQ提供3種尺寸的Panettone：
小（直徑11cm）、中（直徑13cm）、
大（直徑16cm）。此外，還有小型的
Panettone，以及用於活動的大型尺
寸（直徑21cm）。

[附錄1]

佐藤広樹之選
「影響我的 Panettone」

自從第一次在義大利品嚐到正宗的 Panettone 以來，我多次被其美味所震撼，也深受致力於糕點製作職人們的態度所感動。以下是我個人認為優秀的 Panettone 大師們，供您參考。

Panettone Tradizionale

由 Maurizio Bonanomi 先生領導的「Pasticceria Merlo」。除了經典的「Tradizionale」外，還提供杏桃、西洋梨和巧克力、糖漬栗子等多種口味的選擇。

Pasticceria Merlo di Maurizio Bonanomi

| Milano, Lombardia
| https://www.merlopasticceria.it

「Pasticceria Merlo di Maurizio Bonanomi」的 Panettone，不論何時品嘗都能感受到穩定而美味的口感。從化口性到香氣，再到氣泡的分佈，一切都是最理想的狀態，正是我所追求的 Panettone。從我第一次見到 Maurizio 先生開始，他就非常友善地回答了我們的問題，毫不保留地展示了他的製作方法。他的作法非常簡單，沒有特別的秘訣，但即使模仿也難以達到同樣的水準。

許多職人都非常尊敬 Maurizio 先生，他也每天迎接新的挑戰，始終思考著關於 Panettone 行業的未來。無論是他的品格還是作品，我都深感敬佩。

Martesana

Milano, Lombardia
https://www.martesanamilano.com

我覺得使用傳統葡萄乾和糖漬橘皮以外的原料，所製作的 Panettone，「Martesana」是所有種類中最美味的。特別是巧克力口味的 Panettone，給我留下深刻的印象。許多製造商都使用巧克力，但是將覆淋巧克力 (couverture chocolate) 融入麵團中會使麵團變得過硬，而將巧克力片混入麵團中會破壞口感的平衡，因此要做出美味的 Panettone 相當困難。在這方面，我認為 Martesana 的 Panettone 具有濕潤的麵團，並在微苦的巧克力和甜美的水果之間取得極佳的平衡。

Panetùn de l'Enzo

以創始人 Vincenzo Santoro 的名字命名的「Panetùn de l'Enzo」。內餡是巧克力片、杏桃果醬和半乾的杏桃。

Panettone Strudel

「Strudel」使用了肉桂風味的蘋果，和用馬薩拉酒 (Marsala) 浸泡的葡萄乾。最後撒上松子和杏仁片裝飾。

Tiri

| Potenza, Basilicata
| https://www.tiri1957.it

在 2015 年的「Re Panettone」比賽中，Tiri 獲得了第一名。Tiri 的 Panettone 與被稱為 Maestro（大師）的其他麵包師有些不同，似乎追求著另一種的口感和香氣。

第 3 代繼承人 Vincenzo Tiri 充滿創意，他製作出一款沒有折角的 Pandoro（但我認為有折角是必要的）。他是一位年輕而充滿野心的麵包師。

Panettone Tradizionale

採用了現代製作法，在 72 小時內製成的 Panettone，曾多次獲得競賽獎項。糖漬橙皮使用當地產巴西利卡塔（Basilicata）的柳橙。

Sal De Riso

| Minori, Campania
| https://www.salderisoshop.com

雖然 Panettone 起源於義大利北部，但在南部也有許多優秀的製作者。坎帕尼亞大區阿瑪菲（Amalfi）附近的 Sal De Riso 就是其中之一。他們提供使用當地特產檸檬和瑞可達（Ricotta）乳酪製成的產品，還有提拉米蘇口味等各種豐富的產品系列可供選擇。店主 Salvatore De Riso 是一個非常親切的人，沒有架子。他也是一個像電視名人一樣活躍的人物，在當地小有名氣，在活動現場總是被許多人圍繞著。

Panettone Smeraldo

在麵團中添加了來自西西里（Sicilian）的開心果奶油，並且也大量的淋在頂部。Smeraldo 在義大利語中意思是「翡翠」。

Pepe Mastro Dolciere

Sant'Egidio del Monte Albino, Campania
https://www.pasticceria-pepe.it

在2014年的「Re Panettone」活動，他們的攤位前人潮不斷，試吃後發現Pepe的Panettone無可匹敵。無論是經典的還是其他款式都非常美味。我當時覺得真是太厲害了。

Maurizio（Bonanomi先生）將我們介紹給Pepe的店主Alfonso Pepe先生。他好像對我們在遙遠的日本推廣義大利美食很感激，次年我們再次相遇時，

他送給我們好多箱的Panettone和Baba，對我們非常好。

唯一的遺憾是，當我們訪問Pepe位於坎帕尼亞大區（Campania）的小鎮時，Alfonso 先生不在而未能見面。他後來因病早逝，現在店鋪仍有營業，他所製作的Panettone，美味至今難忘。

Panettone
al limoncello

夾著檸檬酒風味白巧克力的Panettone，是位於那不勒斯（Naples）附近Pepe的招牌產品。以糖漬檸檬皮作為點綴。

Focaccia al Cioccolato e Pere

巧克力和西洋梨的Focaccia。通常，法規規定Panettone的奶油含量應為16％以上，但Gatti的Focaccia奶油含量控制在11.3%。

Pasticceria Tabiano Claudio Gatti

Tabiano, Emilia-Romagna
https://www.pasticceriatabiano.it

Claudio Gatti 是一位擁有悠久職業生涯的糕點師。他曾被委任為Panettone相關組織的主席，無人不知他的影響力。然而，他製作的Panettone有些與眾不同，奶油的配方較基本量少，麵團上還會淋糖霜等，不符合法令定義的「Panettone」條件。因此，他以「Focaccia」的名稱銷售。這個名稱是受到類似糕點麵包的甜味Focaccia啟發而命名。無

法使用Panettone這個名稱在銷售上可能是一個打擊，但他根據自己的理念做出他認為美味的產品。他的「Focaccia」口感濕潤輕盈，且味道豐富，與常規的Panettone相比毫不遜色。事實上，他的店位於像日本鄉村溫泉一樣偏遠的艾米利亞-羅曼尼亞（Emilia-Romagna），卻總是湧入許多顧客。

傳統延續至今的
老字號 Panettone

以現代的製造方法而誕生的「Moderno現代製作法」，得到了許多小規模店鋪麵包師的支持，而傳統的「Classico經典製作法」則由Cova、Motta和Marchesi等老店傳承至今。若沒有這些自1800年代以來持續存在的製造商，我們就無法談論

Panettone的歷史。緻密的麵團和讓人感受到懷舊風味的口感，是經典製作法的特點。僅僅品嚐其中一種，無法完全體會Panettone的風味很可惜。請抽空嘗試品嚐兩種製法，感受它們的差異吧。

Pasticceria
Cova Montenapoleone
Panettone Tradizionale

Milano, Lombardia
https://www.pasticceriacova.com

Motta
Panettone Originale

Milano, Lombardia
https://www.mottamilano.it

關於 Panettone 和 Pandoro 的法規

有關Panettone和Pandoro的材料和製作方法，有幾項規定，包括米蘭商會（Chamber of Commerce of Milan）制定了「關於製造"米蘭傳統Panettone"的法規」等。以下是義大利生產活動部（Ministero delle Attività Produttive）和農業政策部（Ministero delle Politiche Agricole）於2005年制定的法規摘要。

焙烤點心產品的製造和銷售相關法令（節錄）
2005年8月1日官報第177號

生產活動部
農業政策部

出處：
Istituto Poligrafico e Zecca dello Stato -
Gazzetta Ufficiale italiana

＊第3～6條、第7條第2項、第8～9條省略

第1條
Panettone

1. 「Panettone」一詞僅限於使用具有以下特徵的製品：以酸性麵團（Pasta acida）自然發酵製成，表面頂部有特徵性的十字切口，在烘烤過程中受到模具的影響，而呈現典型的圓柱形狀的烘焙點心。內部含有長條形氣泡，組織鬆軟，帶有酸性麵種特有的發酵風味。

2. 除本法第7條的情況外，Panettone的麵團應包含以下原料：
a）小麥粉
b）砂糖
c）A類雞蛋或蛋黃。蛋黃的含量不得低於成品的4%
d）奶油（含量不低於16%）
e）葡萄乾，柑橘類果皮（含量不低於20%）
f）由酸性麵團製成的天然酵母（原種）
g）鹽

3. 製造者可自行添加以下原料：
a）牛乳和乳製品
b）蜂蜜
c）麥芽
d）可可脂
e）糖類
f）根據1998年11月30日總統令第502條批准的酵母（使用量不得超過1%）
g）天然香料和天然來源的香料
h）乳化劑
i）保存劑（山梨酸）
j）保存劑（山梨酸鉀）

4. 第2項和第3項所提及的成分比例計算，應根據附件I-1進行。

5. 關於製作Panettone，應遵循附件II-1所記載的步驟。

第2條
Pandoro

1. 「Pandoro」的名稱僅適用於由酸性麵團（Pasta acida）自然發酵製成，呈八角星形錐台狀，外皮和內側柔軟的烘焙點心。內部充滿小氣泡，組織柔軟，如絲般的質感，並帶有奶油和香草的獨特香味。

2. 除了本法令第7條所規定的情況外，Pandoro的麵團應包含以下原料：
a）小麥粉
b）砂糖
c）A類雞蛋或蛋黃。蛋黃的含量不得低於成品的4%
d）奶油（含量不低於20%）
e）使用酸性麵團製成的Lievito madre（原種）
f）香草或香草類香料
g）鹽

3. 製造者可選擇添加以下材料：
a）牛乳和乳製品
b）麥芽
c）可可脂
d）糖類
e）根據1998年11月30日總統令第502號第8條批准的酵母（使用量不得超過1%）
f）糖粉
g）天然香料和天然提取物香料
h）乳化劑
i）防腐劑（山梨酸）
j）防腐劑（山梨酸鉀）

4. 有關第2和第3項提及成分的比例計算應參照附件I-1進行。

5. 應按照附件II-2中記載的步驟製造Pandoro。

第 7 條
關於特殊裝飾的產品

1. 如第1條第2款所述的例外情況，Panettone 可以選擇不含葡萄乾或柑橘類水果皮的麵團，或者兩者都不含。

2. 對於 Panettone、Pandoro、Colomba，製造者可自行決定添加餡料、糖漿、糖霜、鏡面、裝飾、水果或其他特殊材料。但是，除了奶油以外，不能添加其他油脂。成品必須包含至少50% 根據第1條、第2條，以及第3條第2款，和第3款計算的基本麵團重量。

◆ 附件 I
比例計算

1. Panettone、Pandoro、Colomba
a) 蛋黃和奶油的固體量（不含水分）的最低比例應以最終麵團的固體麵團重量為基準。蛋黃比例的計算應適用以下比率：

蛋黃／蛋白：35 ／ 65
全蛋固體量：0.235
蛋黃固體量：0.43

b) 葡萄乾和柑橘類水果皮的固體量（不含水分）的最低比例應以最終麵團的固體淨重量為基準。

c) 使用的酵母比例應不超過麵團淨重的1%。

◆附件 II
技術的步驟

1. Panettone 製造工序包括以下步驟。多個步驟可能合併執行。
a）準備酸性麵團
b）發酵
c）麵團的準備（材料計量、攪拌）
d）分割
e）整型和入模
f）發酵
g）在麵團上劃切十字切口
h）烘焙
i）冷卻
j）包裝

2. Pandoro 製造工序包括以下步驟。多個步驟可能合併執行。
a）準備酸性麵團
b）發酵
c）麵團的準備（材料計量、攪拌）
d）分割
e）整型和入模
f）發酵
g）烘焙
h）冷卻
i）表面撒上糖粉（隨意）
j）包裝

「Re Panettone」競賽評審表

評審表
「Re Panettone」
第7屆競賽

審查表
「Panettone」類別

產品名稱 _____
審 查 員 _____

・審查以外觀10分、內部10分、香氣30分、味道、風味、口感35分、以及忠於Panettone的原始外形15分為滿分進行。
・各項目中獲得最高分時，共計100分。

外觀（整體產品）	0～10分	分
內部	0～10分	分
香氣	0～30分	分
味道・風味・口感	0～35分	分
忠於Panettone的原始外形	0～15分	分
合計		分

審查表
「全年可享用的創新發酵糕點」類別

產品名稱 _____
審 查 員 _____

・審查以外觀10分、內部10分、香氣30分、味道、風味、口感35分、創新／獨特性15分為滿分進行。
・各項目中獲得最高分時，共計100分。

外觀（整體產品）	0～10分	分
內部	0～10分	分
香氣	0～30分	分
味道・風味・口感	0～35分	分
創新／獨特性	0～15分	分
合計		分

致謝

特別感謝
Special Thanks to

已故 OLINDO MENEGHIN

STANISLAO PORZIO

MAURIZIO BONANOMI

日清製粉株式会社